金色乡村
Jinsexiangcun

个人理财

农户理财常用知识读本

黄祝华　韦耀莹　主编

U0816488

东北财经大学出版社
Dongbei University of Finance & Economics Press
大连

© 黄祝华 韦耀莹 2013

图书在版编目（CIP）数据

个人理财：农户理财常用知识读本 / 黄祝华，韦耀莹主编．—大连：东北财经大学出版社，2013.9（2015.4 重印）
（金色乡村）
ISBN 978-7-5654-1341-4

Ⅰ.个… Ⅱ.①黄… ②韦… Ⅲ.家庭管理-财务管理-基本知识 Ⅳ.TS976.15

中国版本图书馆 CIP 数据核字（2013）第 222408 号

东北财经大学出版社出版
（大连市黑石礁尖山街 217 号 邮政编码 116025）
教学支持：（0411）84710309
营 销 部：（0411）84710711
总 编 室：（0411）84710523
网 址：http：//www.dufep.cn
读者信箱：dufep @ dufe.edu.cn
大连美跃彩色印刷有限公司印刷 东北财经大学出版社发行

幅面尺寸：160mm×230mm 字数：199 千字 印张：12 1/2
2013 年 9 月第 1 版 2015 年 4 月第 2 次印刷

责任编辑：田玉海 责任校对：那 欣 毛 杰
封面设计：冀贵收 版式设计：钟福建

ISBN 978-7-5654-1341-4
定价：25.00 元

辽宁省农家书屋建设图书出版编委会

主　任　何庆良

副主任　马述君　孙成杰

编　委　（以姓氏笔画为序）

王　伟　王　星　田世忠　田雪峰　刘国玉
刘明辉　许科甲　杜　斌　宋纯智　李凤山
李丹歌　李兴威　李英健　邵玉英　杨永富
张东平　张家道　范文南　周北鹤　金英伟
徐华东　郭爱民　韩忠良　赛树奇

前 言

俗话说："你不理财，财不理你。"

广大农户在日常生活中，经常能听到"降息了"、"银行新到理财产品"、"国家提高了个人所得税起征点"，这些都与人们的财富息息相关。

21 世纪的现代人应通过财务规划来弥补生活现状与预期目标之间的差距，制定合理利用财务资源、实现个人人生目标的程序，有效运用自己的财富提升生活品质，丰富生活内涵。

"个人理财"作为一门新兴的知识已经被全民所接受，本书根据与农户日常生活最紧密的几个方面，力求比较系统地介绍个人理财的知识体系，突出实用性。

本书共分九章，其中第一、二章主要介绍个人理财的基本概念、原理以及基本的财务知识，第三至九章依次介绍了个人理财理念和技术在现金规划、储蓄规划、金融投资规划、保险规划、税收筹划、子女教育金规划、养老和遗产规划中的应用。

本书的主要特点是实用性、知识性、新颖性和通俗性。每章均附有介绍相关知识背景、理财技巧和案例的资料，同时尽量利用直观的图表来讲述深奥复杂的理财知识，使之通俗化，并且着重理财知识的系统性和逻辑性。最后还以附录的形式提示了理财规划信息来源，以提供深入研究理财的途径，从而更好地服务于农户的理财生活。

期盼《个人理财》能为您带来完备的个人理财视野和灵活的理财技巧，帮助您成为财富的主人，实现幸福的生活！

本书由黄祝华、韦耀莹任主编，第一、二章由韦耀莹执笔，第三至六章由黄祝华执笔，第七至九章及附录由马明明执笔。受出版社的委托，宾卫莲调整、确定了全书的章节结构，以使本书更好地满足广大农户的需要。

在本书的编写过程中，来自全国各地著名财经大学的老师提供了宝贵的指导意见，他们是：张庆君、贺学会、徐晟、马亚、朱明儒、高晓光、付琼、孙开焕、刘旸。谨向各位老师表示衷心的谢意！

书中引用了大量案例材料，参考了许多书目，在此对原作者表示诚挚的谢意，并期待广大读者不吝赐教！

编　者
2013 年 8 月

目 录

第一章 个人理财概述

第一节 个人理财的基本知识

一、个人理财的定义

每个人都希望过幸福美满的生活，但显然大多数人在一生中都是无法满足的。心理学家马斯洛的需求理论告诉我们，人类的需求是有层级之分的：在安全无虞的前提下，追求温饱；当基本的生活条件获得满足之后，则要求得到社会的尊重；并进一步追求人生的最终目标——自我实现。而要依层级满足这些需求，必须建立在必备的财务条件之上。因此，你必须认识理财的重要，制订一套适合自己的理财计划，来达成自己的生活目标。

个人理财的本质可以用公式“个人理财=人+钱”来表示，我们每个人的一生，从生到死都要与钱打交道。钱是我们生活的必需，人的衣、食、住、行都离不开钱，我们每天都在自觉或不自觉地运用和处理着钱财，其实这就是在进行个人理财。

需要指出的是，在前述公式中，人是居于主动地位的，即个人理财的研究重点是人如何做出选择，因此个人理财要围绕着人来进行，强调个性而非共性，这也是个人理财之所以发展成为一门独立的科学的原因所在。

关于个人理财的定义，目前业内有不同的界定。其中，美国理财师资格鉴定委员会的定义是：个人理财是指如何制定合理利用财务资源、实现个人人生目标的程序。而中国金融理财标准委员会将个人理财服务称为金融理财，认为个人理财是一种综合金融服务，是指理财专业人士通过收集客户家庭状况、财务状况和生涯目标等资料，与客户共同界定其理财目标及优先顺序，明确客户的风险属性，分析和评估客户的财务状况，为客户量身制订合适的理财方案并及时执行、监控和调整，最终满足客户人生不同阶段的财务需求的综合金融服务。简单来说，金融理财强调以下 4 点：

1. 金融理财是综合性金融服务，而不是金融产品推销；
2. 金融理财是由专业理财人士提供的金融服务，而不是客户自己理财；

3. 金融理财是针对客户一生的长期规划，而不是针对客户某个时间段的规划；

4. 金融理财是一个过程，而不是一个产品。

本书认为，个人理财是为了实现个人的人生目标和理想而制订、安排、实施和管理的一个各方面总体协调的财务计划的过程，通俗地讲，就是个人如何处理日常的钱财。个人理财的目标是建立一个财务安全、健康的生活体系，实现人生各阶段的目标和理想，最终实现财务的安全和自由。

现代意义的个人理财不同于单纯的储蓄、投资或者消费，它不仅包括财富的积累，还包括财富的保障和安排。按照理财需求的层次，个人理财可以进一步细分为生活理财和投资理财。

生活理财是指帮助个人设计一个将整个生命周期考虑在内的终身生活及财务计划，将未来的职业选择、子女及自身的教育、购房、保险、医疗和养老、遗产及事业继承以及生活中个人所面对各方面的事宜进行妥善安排，使个人在不断提高生活品质的同时，即使到年老体弱以及收入锐减的时候，也能保持自己所设定的生活水平，最终达到终生的财务安全、自主、自由和自在。生活理财的核心在于根据个人的消费性资源状况和消费偏好来实现个人的人生目标。

投资理财则是指在个人基本生活目标得到满足的基础上，将资金投资于各种投资工具，在保证安全性和流动性的前提下，追求投资的最优回报，加速个人或家庭资产的成长，提高生活水平和质量。投资理财的核心在于根据个人的投资性资源状况和风险偏好来实现个人的人生目标。

❀ **资料 1–1**

理财就是投资吗?

理财和投资的关系是：理财活动包括投资行为，投资是理财的一个组成部分。理财的内容要广泛得多。在理财规划中，不仅要考虑财富的积累，还要考虑财富的保障，即对风险的管理和控制。在人生的旅途上要面临各种各样的风险和意外，在我们的经济生活中也存在各种系统性风险。

根据经济学上的定义，投资是指牺牲或放弃现在可用于消费的价值以获取未来更大价值的一种经济活动。投资活动主体与范畴非常广泛，但一般意义上所描述的投资主要是家庭投资，或叫个人投资。我们举例来解释此句话：若你手上现有 1 000 元闲钱，你可在周末带全家出游后到饭店吃上一顿大餐，大家可以过个愉快的周末。但你也可存入银行，一年后可获得利息收入；或者买入股票或基金，等待分红或涨升；或者从古玩市场买入字画，等待增值；或者参股朋友所开的小店，分得利润。前面一种情况就是花掉金钱（价值），获得消费与全家的享受。后面几种情况就是放弃现在的消费，以获得以后更多的金钱，这就是投资。再简单些说，使本金在未来能增值或获得收益的所有活动都可叫投资。消费与投资是一个相对的概念。消费是现在享受，放弃未来的收益；投资是放弃现在的享受，获得未来更大的收益。

投资的资本既可以是通过节俭的手段获得，如每个月工资收入中除去日常消费等支出后的节余，也可以是通过负债的方式获得，如借入贷款等方式，还可以采用保证金的交易方式以小搏大，放大自己的投资额度。从理论上来说，投资额度的放大是与风险程度提高为代价的，它们遵循“风险与收益平衡”的原则，即收益越高的投资风险也越大。所以说，任何投资都是有风险的，只是大小程度不同而已。

具体来说，家庭投资的主要成分包括金融市场上买卖的各种资产，如存款、债券、股票、基金、外汇、期货等，以及在实物市场上买卖的资产，如房地产、金银珠宝、邮票、古玩收藏等，或者实业投资，如个人店铺、小型企业等。

所以说，理财和投资的关系是：理财活动包括投资行为，投资是理财的一个组成部分。

本书帮助人们对财富实行科学管理，科学安排家庭财务战略规划和实施步骤，如短期和长期的收入和开支状况，多少年后要购买住房，每年的投资计划，对通货膨胀率因素和利率因素的预测，如何实现自己设定的某项目标等。

二、个人理财和公司理财的区别

（一）理财的目标不同

个人理财是以提高个人生活质量，规避个人财务风险，保障终生的生活为目标；而公司理财通常是通过资金的筹措与合理使用，达到规避公司财务风险、实现企业价值最大化的目标。

（二）风险承担能力不同

个人的风险承担能力相对较弱，在进行风险、收益权衡时，安全性一般放在收益性前面考虑；而公司理财则不一样，因为拥有相对雄厚的财力，为了追求较高的利润，能够承担较高的风险。

（三）关注的时间长短不同

个人理财是以个人的生命周期为时间基础的，关注的时间一直到其生命的终结；公司理财则往往有一个持续经营的假设，即公司在可以预计的将来不会停止营业。

（四）依据的法律法规不同

个人理财依据的主要包括个人所得税法、社会保障及保险、金融、遗产等方面的法律法规；公司理财遵守的是公司法、证券法以及与企业税收、会计等方面的法律法规。

（五）行业管理不同

成熟的个人理财市场里往往会成立有专门的行业组织，规定行业准则，负责职业培训，组织职业资格考试，颁发从业资格证书等，如1990年成立的国际注册财务规划师理事会；而公司理财通常是企业内部行为。

（六）主要内容不同

个人理财包括现金规划、储蓄规划、投资规划、保险规划、税收筹划、养老规划以及遗产规划等内容；而公司理财包括的主要内容有预算、筹资、投资、控制、分析等。

三、个人理财的作用

（一）平衡现在和未来的收支

在我们一生中会面临的一个矛盾就是收入与支出不相匹配，一方面收支的时间可能不相匹配，月初要花钱可月末才发薪的情况并不少见；另一方面收支的数量可能不匹配。无论是短期的年度收支计划，还是长期的养老计划，如何实现其间的收支平衡，正是个人理财要研究的问题。个人理财可以帮助人们合理安排和管理现金流，以保证满足个人的日常消费支出。

（二）提高生活水平

平衡一生的收支只是个人理财的基本目的。个人理财可以帮助人们通过投资行为保值增值个人资产，积累充分的财富以供支配，满足人们追求更高层次生活品质的需要。

（三）规避风险和灾害

我们个人所面对的风险主要有两类：一类是微观风险，如失业、疾病伤残、意外死亡等；另一类是宏观风险，一般是无法控制的，如通货膨胀、金融风暴、政治动荡等。这些风险给我们的财务安全带来不同程度的冲击。个人理财可以帮助人们事先采取有针对性的财务防范措施来达到保障的目的，以转移风险，应对突发事件造成的财富损失。

第二节 个人理财的内容

一、个人理财的基本原则

（一）量入为出原则

量入为出原则要求在自己的经济承受能力之内进行消费。正确理解这一原则，就是既不滞后，又不超前，既不人为抑制消费，又不盲目攀比，做理性的消费者。量入为出指使消费与个人收入相适应，合理进行消费。不能把量入为出理解为手里有多少钱就花多少钱，量入为出是一种计划消费行为，包括在基本生活资料得到满足的情况下，通过储蓄有计划地安排生活。适度消费提倡勤俭节约的精神，勤俭节约不能简单地理解为省着花钱，而是指与自己的实际需要和收入水平相当的合理消费。反对超前消费和适度消费原则上是一致的，但是，判断消费行为是否超前，不能仅仅局限在现有收入上。有人现有收入虽高一些，但收入增长能力低，在消费上回旋余地不大；反之，尽管有人现有收入低一些，但收入增长能力高，在消费上有较大的回旋余地。如果对自己收入能力的判断符合实际，能够按时还清贷款和分期付款，采用贷款消费形式就是一种合理消费而不是超前消费；如果过高地估计了自己的收入能力，或者明知自己无力消费却与别人进行盲目攀比，就是超前消费。

（二）经济效益原则

在进行个人理财规划的时候，特别是进行投资规划的时候，应当注意讲究经济效益，因为理财的目的总的来说就是实现资金的保值和增值。衡量经济效益可以从以下两个方面来看：

1. 绝对值

利润＝收入－成本

2. 相对值

投资收益率＝利润/投资额×100%

（三）安全性原则

收益总是伴随着风险的，我们不能只追求收益而忽视由此而带来的风险。本原则要求进行个人理财时应该注意寻求收益和风险的平衡，进行组合投资，分散风险，即不要把全部鸡蛋放在同一个篮子里，也不要把全部担子挑在一个肩膀上。

（四）变现原则

“天有不测风云，人有旦夕祸福”。个人财产的形式有很多，我们要关注的是其流动性，归根结底我们的财产都是以现金来换算和衡量的，因此在进行理财规划的时候，要注意财产变成现金的能力，避免出现周转困难、难以为继的情况，导致生活陷入困境。

（五）因人制宜原则

个人理财没有必胜的万能公式，也没有适合每一个人的技巧。前面说过，理财是研究人如何运用自己的钱财达到目标，因此个人自身的情况才是关键。不同的环境、个性、偏好、年龄、职业和经历等都会导致个人对待事物的态度有所不同，面对同样的理财机会采取的策略也会迥异，所以应该总结出适合自己的理财方式，而非生搬硬套别人的经验。

（六）终生理财原则

个人理财是一个过程，一个漫长的贯穿人生始终的过程。一个人一生不同时期理财的需求是不一样的，因此必须考虑阶段性和延续性。

（七）快乐理财原则

个人理财的根本目的是生活得更美好，保持快乐的心情和健康的身体。理财是件愉快的事情，是我们生活的一部分，看着自己的财务状况被管理得井井有条，怎会不让人快乐。即使某些阶段理财活动遭遇了挫折，但是从中总结教训，在未来的理财活动中加以避免，又何尝不是件幸事。总而言之，保持快乐轻松的心态，才能够充分发挥聪明才智，做出最正确的理财决策。

（八）提高素质原则

天下没有不劳而获的事情，理财作为一门综合化的新兴科学，涉及众多的知识学科。因此在追求利润目标的同时，应该增强理财管理能力、资金运筹能力、风险投资意识，充实经济金融知识，提高自身综合素质。

二、个人理财的基本内容

个人理财包括现金规划、储蓄规划、消费信贷规划、金融投资规划、房地产投资规划、保险规划、税收筹划、子女教育金规划、养老规划、遗产规划等内容（见图 1-1）。其中，现金规划、储蓄规划和消费信贷规划属于资金管理规划的内容，金融投资规划和房地产投资规划属于资金增值规划的内容，保险规划属于风险管理规划的内容，税收筹划属于成本规划的内容，子女教育金规划、养老规划和遗产规划则属于未来规划的内容

（见图 1-2）。总体而言，这些理财规划的内容涵盖了我们一生的财务活动，贯穿着我们一辈子的生活，因此了解和掌握这些内容实质上就是帮助我们规划自己的一生。对于广大农户来说，消费信贷规划、房地产规划距离当前的日常生活较远，因此，在此只列示出来，简单加以介绍，不予详述。

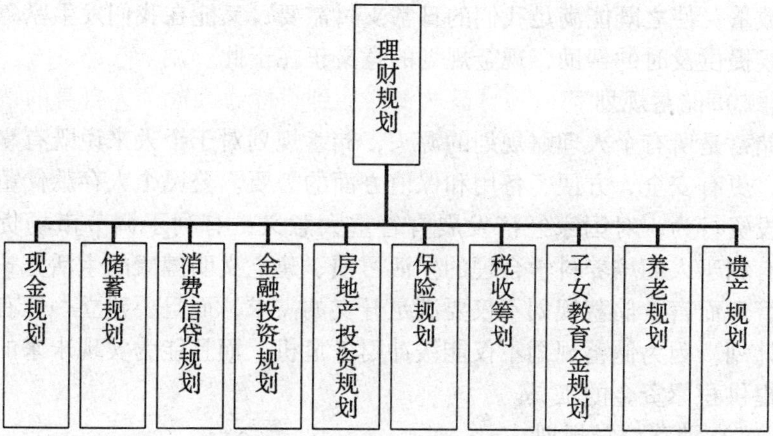

图 1-1　个人理财规划的内容

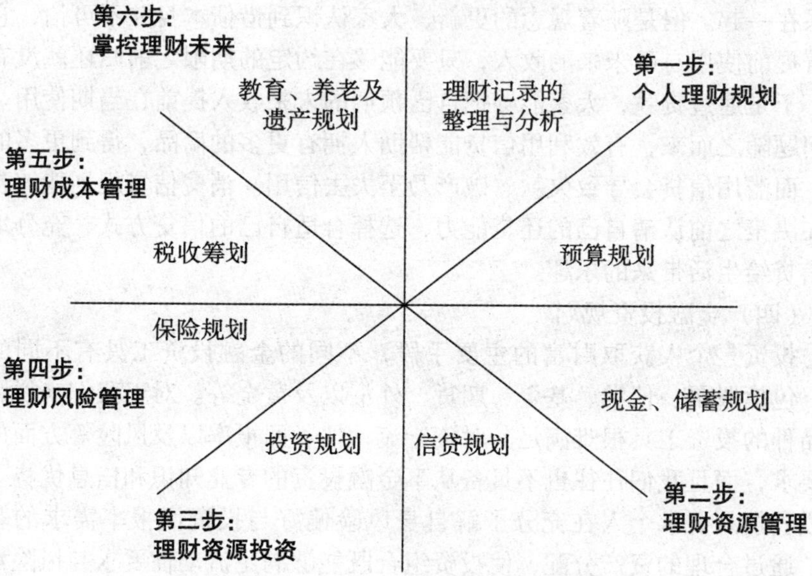

图 1-2　个人理财规划的组成要素

（一）现金规划

现金是理财工具中最具流动性的，我们的日常生活时刻都离不开它，特别是在当前，现金消费还是人们最常用的支付方式。持有足够的现金当然方便，但是现金并不具有收益性，因为货币具有时间价值，因此我们需要在现金的支付方便性和由此丧失的收益之间进行权衡，找到持有现金的最佳数量，使之既能满足我们的日常支付需要，又能在我们发生紧急情况的时候提供及时的帮助，现金规划的意义正在于此。

（二）储蓄规划

储蓄是所有个人理财规划的源头，储蓄规划对于个人来说既有赢利的目的，更有安全、方便、备用和保值方面的需要。公民个人存款储蓄作为一种投资行为，对国家经济发展有着重大意义：有利于调节市场货币流通，有利于人们培养科学合理的生活习惯、建立文明健康的生活方式。对现金管理而言，储蓄规划不仅要满足开支的需求，而且要建立一套有效的储蓄计划。因为储蓄规划不仅能缓冲财务危机，而且能为实现未来的财务目标提供积累资金的工具。

（三）消费信贷规划

负债在以前被认为是很不光彩的事情，常常与贫穷、困难之类的字眼联系在一起。但是随着观念的更新，大家认识到借债本身并不可怕，它代表着提前使用自己未来的收入，只要能够在约定的期限之前归还就没有问题。于是通过贷款，大家能够把自己预期的未来收入提前在当期使用。但是问题随之而来，有效利用信贷能帮助人拥有更多的商品，得到更多的享受，而滥用信贷会导致欠款、破产乃至失去信用。消费信贷规划能够帮助人在决策之前认清自己的还贷能力，选择合适自己的信贷方式，充分地享受信贷给生活带来的乐趣。

（四）金融投资规划

投资是个人获取财富的主要手段，不同的金融投资工具有不同的特点，包括股票、债券、基金、期货、外汇以及黄金等。对于我们来说，单一品种的投资工具很难满足其对资产流动性、回报率以及风险等方面的特定要求，而且我们往往也不具备从事金融投资的专业知识和信息优势。金融投资规划要求个人在充分了解自身风险偏好与投资回报率需求的基础上，通过合理的资产分配，使投资组合既能够满足流动性要求与风险承受能力，同时又能够获得充足的回报。

（五）房地产投资规划

“衣食住行”是人生最基本的四大需要，其中“住”又是四大需要中期间最长、所需资金数额最大的一项。在个人理财中与“住”相对应的是房地产投资规划，对于一般的消费者来说，房产主要代表了自己的住所。事实上，房地产投资作为一种长期的高额投资，除了用于个人消费，它还具有显著的投资价值。投资者购买房产主要出于四种考虑：自己居住、对外出租、投机获利和减免税收，而针对不同的投资目的，投资者在选择具体房地产品种时也会有不同的考虑。在房地产投资规划中，要重视两方面的问题：一方面，应当对房地产法律法规（包括交易规则、税收优惠等）和影响房地产价格的各种因素有比较深的了解；另一方面，由于房地产单位价值高且多是终身投资，所以房地产投资必然十分谨慎，在做出投资决策之前，必须详细了解自己的支付能力，以确定合理的房地产购置计划。

（六）保险规划

人生很可能会面对一些不期而至的风险，比如意外的人身伤害、疾病、火灾等。为了规避这些风险，在现实生活中人们通过购买保险来满足自身的安全需要。保险除了具有基本的转移风险、减小损失的功能之外，它还具有融资、投资功能。在个人理财中，经常用到的保险产品包括人寿保险、意外伤害保险、健康保险、财产保险、责任保险等。保险由于其品种多、条款复杂，对于普通投资者来说，在选择时往往会感到力不从心。保险规划的目的即在于通过对个人经济状况和保险需求的深入分析，选择适合自己的保险产品，并确定合理的期限和金额。

（七）税收筹划

依法纳税是我们每个人应尽的法定义务，国家通过制定各种税收法律法规来规范税收的征缴，任何违反税收法律的行为都将受到法律的制裁。然而，纳税人出于对自身利益的考虑，往往希望将自己的税负合理地减到最小。因此，如何在合法的前提下尽量减少税负就成为每一个纳税人都十分关注的问题。税收筹划即是在充分了解所在国税收制度的前提下，通过运用各种税收筹划策略，合法地减少税负。在税收筹划中比较常用的基本策略包括收入分解转移、收入延期、投资于资本利得、注意资产销售时机、杠杆投资、充分利用税负抵减等。与前面所述的几种规划相比，税收筹划要面对更多的风险，尤其是法律风险，这些风险包括反避税条款、法律法规变动风险及经济风险等。

（八）子女教育金规划

教育投资是一种智力投资，它不仅可以提高人的文化水平与生活品位，还可以使受教育者增加人力资本。教育投资可以分为两类：自身的教育投资和对子女的教育投资，本书讨论的是后者。对子女的教育投资可以分为基础教育投资和高等教育投资，对子女的高等教育投资通常是所有教育投资项目中花费最高的一项，但父母出于对子女未来的殷切期望，往往会在子女的高等教育投资上不惜血本。进行子女教育金规划时，首先要对个人的教育需求和子女的基本情况（例如，子女的年龄、预期的受教育程度等）进行分析，以确定当前和未来的教育投资资金需求；其次要分析个人的收入状况（当前的和未来预期的），并确定子女教育投资资金的来源（例如，教育资助、奖学金、贷款、勤工俭学收入等）；最后要分析教育投资资金来源与需求之间的差距，并在此基础上通过运用各种投资工具（包括常用的投资工具和教育投资特有的投资工具）来弥补教育投资资金来源与需求之间的差额。应当特别注意的是，由于教育投资本身的特殊性，它与其他投资相比更加注重投资的安全性，因此在选择具体投资工具时要特别慎重。

（九）养老规划

养老规划是指为保证将来有一个有尊严、自立、保持水准的养老生活，而从现在开始制定实施关于如何筹措和管理养老以后的生活资金，以及如何安排养老收支的一系列财务活动方案的过程。如何在养老期间保持一定的生活水平是每个人迟早都要面对的现实问题，现实生活中普遍存在的通货膨胀也在不断地侵蚀个人的财富，如不及早计划必然会导致养老生活水平的急剧下降。养老规划是一个长期的过程，不是简单地通过在养老之前存一笔钱就能解决，个人在开始养老之前的几十年就要开始确定目标，进行详细的规划，为将来养老做准备。在当前的中国，一对独生子女夫妇将来要照顾四个老人，其负担可想而知。所以，提早做好养老规划不仅可以使自己的养老生活更有保障，同时也可以减轻子女的负担。

（十）遗产规划

遗产的继承是人生需要妥善安排的最后一个重要事项。遗产规划的目标是高效率地管理遗产，并将遗产顺利地转移到受益人的手中。这里的高效率包括两方面的内容：一方面，遗产安排要花费一定的时间，应该在最短的时间完成遗产规划；另一方面，处理遗产需要花费一定的成本，如很多国家都开征了遗产税，遗产规划可以帮助个人减少遗产处理过程中的各种税费。

第三节 个人理财的一般步骤

我们每天都会做出上几十上百个决定，大多数的决定简单而无必然逻辑联系。但在进行理财规划的时候，首先必须经过细微和缜密的思考、分析和计算。因此个人理财规划的一般步骤包括：（1）明确个人现在的财务状况；（2）了解个人的投资风险偏好；（3）设定理财目标；（4）制订并实施理财计划；（5）评估和修正理财计划。其具体可如图 1–3 所示。

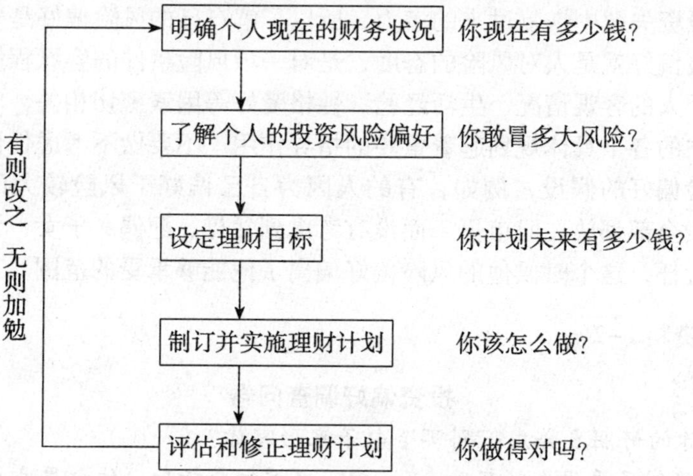

图 1–3 个人理财的一般步骤

一、明确你现有的财务状况

知己知彼，百战不殆！个人理财的第一步要从了解自己的财务状况开始，包括收集个人财务信息和整理个人财务信息两个阶段。回顾自己的资产状况，包括存量资产和未来收入及支出的预期，知道自己有多少钱财可以打理，这是最基本的前提。

个人的财务信息是进行理财规划的首要基础，因此个人理财的首要任务是收集整理个人相关财务信息。对一个从未开始做理财规划的人而言，财务信息的收集并不是一项简单的工作。这些信息包括：你了解自己的月收入和支出情况吗？你知道你在哪家银行有多少存款吗？你知道自己目前拥有股票和基金的现值吗？你知道你的贷款什么时候能还清吗？你购买了哪些保险？等等。如果你不清楚以上的问题，那么你根本无法开始进行理财规划，而这些信息需要你平时的记录和关注。有了平时的积累，进行理财规划之前就不用耗费相当的时间去收集这些财务信息了。

在收集了完整的个人财务信息之后，接下来要对这些零散的信息进行整理分析。可以采取的方法是类似企业财务报表的一系列个人财务报表，将零散的信息归类到各类表格中。通过这些个人财务报表，可以很直观地了解自己的财务状况，以此为基础进行相应的理财规划。本书的第二章将会介绍这些内容，通过学习，你能够了解到相关知识。

二、了解个人的投资风险偏好

由于一个人随着年龄的增大，对风险承受能力降低，会逐渐失去从一项巨大投资失败中恢复过来的潜力，所以了解自己的风险偏好是非常重要的。风险偏好就是人对风险的态度，是对一项风险事件的容忍程度。风险偏好与个人的客观情况、生活经验、性格爱好等因素密切相关，它将对个人理财中的各个具体规划起着重要的指导作用。不要做不考虑任何客观情况的风险偏好的假设，例如，有的人因为自己偏好于风险较大的投资工具，把钱全部都放在股市里，而没有考虑到父母、配偶、子女，没有考虑到家庭责任，这个时候他的风险偏好偏离了他能够承受的范围。

❀ **资料 1–2**

投资偏好调查问卷

1. 你的好朋友会用下列哪个句子来形容你？(　　)

A. 能够承受很大的风险　　B. 经详细分析后，你会愿意承受风险

C. 一个小心谨慎的人　　D. 不愿承受风险

2. 假设你参加了一个电视游戏节目，获奖了，可选择以下其中一项，你会选择(　　)。

A. 当场获得 1 000 元现金

B. 有 50% 的机会赢取 3 000 元现金

C. 有 25% 的机会赢取 8 000 元现金

D. 有 5% 的机会赢取 50 000 元现金

3. 你刚刚有足够的储蓄实现自己一直梦寐以求的旅行，但在出发前三个星期，你忽然被解雇。你会(　　)。

A. 取消旅行

B. 选择另外一个比较普通的旅程

C. 依照原订计划，因为你需要充足的休息来准备寻找新的工作

D. 延长旅程，因为这次旅行可能成为你最后一次豪华旅行

4. 如果你突然有20 000元可用于投资，你会(　　)。

A. 将它存入银行

B. 投资到一些比较安全及高素质的债券或债券基金

C. 投资到股票或股票基金

5. 根据你自己的经验，你对于投资股票或基金放心吗？(　　)

A. 不完全放心　　B. 有少许不放心　　C. 非常放心

6. 对于“风险”一词，你第一个感觉是(　　)。

A. 损失　　B. 不明朗　　C. 机会　　D. 兴奋

7. 专家估计一些资产，如黄金、珠宝、珍藏物和房屋（实质资产）的价格会上升，而债券的价格会下跌，但他们认为政府债券相对比较安全。如你现时持有大量政府债券，你会(　　)。

A. 继续持有

B. 卖掉债券，然后把得来的资金一半投资到货币市场，另一半投资到实质资产

C. 卖掉债券，然后把所有得来的资金投资到实质资产

D. 卖掉债券，除了把所有得来的资金投资到实质资产，并向别人借钱来投资实质资产

8. 以下四个投资选择，你个人比较喜欢(　　)。

A. 好的情况下会赚取200元，最差情况下损失0元

B. 好的情况下会赚取800元，最差情况下损失200元

C. 好的情况下会赚取2 600元，最差情况下损失800元

D. 好的情况下会赚取4 800元，最差情况下损失2 400元

9. 如果你现在得到一笔1 000元的现金，并要求你必须再选择以下其中一项，你会选择(　　)。

A. 再额外多赚500元（即肯定得到1 500元）

B. 50%的机会额外多赚1 000元，50%的机会维持得到1 000元现金

10. 如果你现在得到一笔2 000元的现金，并要求你必须再选择以下其中一项，你会选择(　　)。

A. 从2 000元中损失500元（即肯定得到1500元）

B. 50%的机会额外损失1 000元，50%的机会维持得到2 000元现金

11. 假设你继承了10万元遗产，你必须把所有遗产投资以下其中一项，你会选择投资(　　)。

A. 一个储蓄账户或货币市场基金

B. 一个拥有股票和债券的基金

C. 一个拥有15只蓝筹股票的投资组合

D. 一些保值的投资产品，如金、银或石油

12. 如果你拥有2万元可投资，有下列组合。低风险投资包括债券和债券基金；中风险投资包括股票和股票基金；高风险投资包括期货和期权。你会选择(　　)。

A. 低风险占60%，中风险占30%，高风险占10%

B. 低风险占30%，中风险占40%，高风险占30%

C. 低风险占10%，中风险占40%，高风险占50%

13. 你的好朋友和邻居连同一位知名的地质学家组成一个探索金矿的研究小组，一旦探索成功，回报可高达50～100倍；但如果失败，将血本无归。你的朋友估计这项计划的成功率约为20%。假设你有足够的资金，你是否会投资？(　　)

A. 不会　　B. 会，少量参与

C. 会，将手头的闲钱都投入　　D. 会，尽量筹集资金全额投入

附件一

风险承受能力计分表

序号	A	B	C	D
1	4	3	2	1
2	1	2	3	4
3	1	2	3	4
4	1	2	3	/
5	1	2	3	/
6	1	2	3	4
7	1	2	3	4
8	1	2	3	4
9	1	3	/	/
10	1	3	/	/
11	1	2	3	4
12	1	2	3	/
13	1	2	3	4

附件二　　客户投资偏好类型和风险承受能力评估

	得分下限	得分上限
非常进取型	36	47
温和进取型	30	35
一般	24	29
温和保守型	19	23
非常保守型	13	18

附件三　　风险偏好分析表

风险偏好	具体表现	性格特征
非常进取型	高度追求资金的增值，愿意接受投资大幅度的波动	在个性上非常自信，追求极度成功，常常不留后路
温和进取型	专注于投资的长期增值，并愿意为此承受较大的风险	具有很强的商业创造技能，知道自己要什么并甘于冒风险去追求，通常不会忘记给自己留条后路
中庸型	渴望有较高的投资收益，但又不愿承受较大的风险；可以承受一定的投资波动，但是希望自己的投资风险小于市场的整体风险	在个性上，有较高的追求目标，而且对风险有清醒的认识，但通常不会采取激进的办法去达到目标。而总是在事情的两极之间找到相对妥协、均衡的方法
温和保守型	稳定是重要的考虑因素，希望投资在保证本金安全的基础上能有一些增值收入。但常常因回避风险而最终不会采取任何行动	在个性上，不会很明显地害怕冒风险，但承受风险的能力有限
非常保守型	保护本金不受损失和保持资产的流动性是首要目标。通常不太在意资金是否有较大增值	在个性上本能地抗拒冒险，不抱碰运气等侥幸心理，追求稳定

资料来源　展恒理财网，http：//www.myfp.cn/.

通过资料 1-2 的个人投资风险偏好问卷可以对自己的风险偏好有个初步的了解，这里要指出的是，各种风险偏好仅代表个人的选择，并无优劣高低之分，关键在于对自己有个清晰的了解。表 1-1 是针对不同风险偏好的个人理财模式建议，仅供参考。

表 1–1　　　　不同风险偏好的理财模式

理财模式	理财建议
保守型	适合收入水平低、闲置资金少、家庭负担大、抗风险能力较差的家庭，如无固定工作家庭和年龄较大的养老家庭，回避投资风险是保守型理财的最主要目标，因此应首选银行储蓄、国债等风险较小的理财品种
稳健型	适合有一定经济基础、有可靠的工资收入来源，具备基本的风险承受能力的家庭，如人到中年的工薪家庭。注意风险防范，追求稳定收益，将金融储蓄和金融投资相结合是稳健型理财的特点，家庭资金的大头以银行储蓄为主，其余部分则可尝试进行股市和汇市的投资，争取实现家庭理财有较好的回报
积极进取型	适合经济实力强、收入丰厚、闲置资金充裕、抗风险能力较强的家庭，如城市白领、中产阶级家庭，以及企业经理阶层，获取高收益回报是积极进取型理财的主要目标，家庭理财安排上可以考虑以债券、汇市、基金等投资性金融产品为主
冒险型	适合财务目标较高、家庭负担不大、愿意承担较大风险并且希望能够尽快改善财富状况的家庭，如正处于创业期的年轻家庭。进行高风险投资以期获得较大投资收益是冒险型理财的特点，家庭理财可以考虑以股票、期货、基金等较高风险金融品种为主进行组合投资

三、设定理财目标

个人理财目标就是在一定期限内，给自己设定一个个人净资产的增加值，即一定时期的个人理财目标，同时有计划地安排资产种类，以便获得有序的现金流。

（一）理财目标的分类

1. 按时间长短，理财目标可分为短期目标、中期目标、长期目标。即使是同一个人，目标也会有长期、中期和短期之分。短期目标通常预计在 1 年之内达成，如出国旅游、购置高档音响；中期目标通常预计在 3—5 年内完成，如买车、整修房子等；长期目标一般则预计在 5 年以后完成，如筹措买商品房基金、养老等。不论短期、中期或长期目标，设定时都必须明确而不模糊（见表 1–2）。

表 1-2　　　　常见的理财目标

个人状况	短期目标（1 年左右）	中期目标（3—5 年）	长期目标（5 年以上）
单身	完成大学学业	结婚	翻盖住房
	购买数码相机	偿还教育贷款	积累养老收入
	国内旅游	攻读研究生学位	出国旅游
已婚夫妇（无子女）	每年度假	翻盖住房	购买养老住房
	购买新车	构建股票投资组合	积累养老收入
父母（有年轻子女）	增加人寿保险额度	提高投资额度	积累子女大学教育金
	增加储蓄	购买新车	购买更大面积住房

2. 按人生阶段，理财目标可分为单身期、家庭形成期、家庭成长期、子女上大学期间、家庭成熟期和养老期目标（见表 1-3）。理财是一生都进行的活动，由于不同生命阶段的生活重心和所重视的层面不同，设定的理财目标必须与人生各阶段的需求配合。

表 1-3　　　　人生阶段理财目标表

人生阶段	阶段特征及理财内容
阶段一：单身期 参加工作到结婚前：2—5 年	该时期的特点：收入低，花销大 理财顺序是：意外保险>节财计划>资本增值
阶段二：家庭形成期 结婚到孩子出生前：1—5 年	该时期的特点：收入增加且稳定。为提高生活质量往往要投入一大笔家庭建设开支，如高档生活用品、供房等 理财顺序是：购房供房>家庭硬件>健康意外保险
阶段三：家庭成长期 孩子出生到上大学：9—12 年	该时期的特点：家庭成员不再增加，但年龄都在增加。家庭最大的开支是子女教育费、医疗费。同时，随着子女的自理能力增强，父母精力充沛，又积累了一定的工作经验和投资经验，投资能力大大增强 理财顺序是：子女教育基金>健康意外保险>建立养老金>资本增值>特殊基金规划
阶段四：子女上大学期间 孩子上大学以后：4—7 年	该时期的特点：子女的教育费和生活费用猛增 理财顺序是：子女教育基金>债务规划>资产增值规划>应急基金
阶段五：家庭成熟期 子女参加工作到父母养老前：约 15 年	该时期的特点：这一阶段里，自身的工作能力、工作经验、经济状况都达到高峰状态，子女已经完全自立，债务已经逐渐减轻，理财的重点是增大养老计划和资产增值规划 理财顺序是：养老规划>资本增值>特殊目标规划>应急基金
阶段六：养老期	该时期的特点：主要内容是安度晚年，投资和花费通常比较保守 理财顺序是：养老规划>遗产规划>避税规划>其他特殊目标规划

（二）如何制定理财目标

有一个方法可以帮你做较好的目标设定，那就是明确地写下来。表1-4是一投资基金客户的理财目标。

表 1-4　**某投资基金客户的理财目标表**

1. 目标	养老
2. 达成时间	2022 年 1 月 25 日
3. 所需年数	12 年
4. 所需金额	25 000 元
5. 现有金额	1 500 元
6. 现有金额应以 8% 增长	4 000 元
7. 尚需金额	21 000 元
8. 每年需增加金额（投资收益率 8%）	1 100 元

其中百分比都是以年率表示，第 5 项“现有金额”是指现在已经准备要当作养老金的金额，而不问你现在有多少钱。另外，第 8 项是一种估计，是依据复利表从第 7 项估算出来的；第 6 项是根据第 5 项算出来的，只要查表并不困难。必须强调的是，由于每个人想追求的生活和自身所处的情况（如年龄、工作及收入、家庭状况等）都有不同，所以不同的人设定的目标会不相同。

个别的目标设定后，最好依各个目标达成的优先顺序列个总表，时时提醒自己，哪一个目标要先采取相应的理财措施。表 1-5 就是一个简单的例子。

表 1-5　**理财目标、理财措施优先顺序表**

优先顺序	具体理财目标	所需资金	基金投资品种
1	紧急备用金	8 000 元	货币市场基金
2	付买房首付	350 000 元	债券型基金或股票型基金
3	买车	100 000 元	股票型基金或债券型基金
4	小孩上大学学费	40 000 元	混合型基金
5	养老	20 000 元/年	混合型基金或货币市场基金

在理财规划的目标中，应包含三个层面的内容。

首先是安排好当前的生活，将目前的资产和产生的现金流做合理的安排和配置，为家庭安排适当的保障，从而使自己和家人能够有一个安心、健康的生活方式。

其次是为未来的人生目标和理想在财务上做好安排，未雨绸缪。比如孩子未来的大学教育费用、自己的养老问题等都需要尽早做好安排。

再次是通过理财规划最终建立一个终生的现金流渠道，足以保障自己和家人过上无忧无虑的生活，不用再为金钱而工作，这就是所谓的财务自由的境界。

（三）设定理财目标的原则

1. 明确性。理财规划目标的内容、希望达成的时间都必须明确，如表 1–2 所示。

2. 量化目标。将理财目标用实际数字表示，含糊不清的目标没有意义。

3. 现实可行性。理财目标应该建立在收入和生活状况的基础上，脱离实际去追求遥不可及的理财目标可能会危及整个理财活动。

4. 排列优先顺序。给目标设置优先顺序是必需的，因为你可能无法达成最初设定的所有目标。随着时间的推移，一些目标显示出不能达到的迹象时，应该立刻调整它们，如表 1–4 所示。

5. 内部一致性。各个分目标之间是相互关联的，不要互相矛盾。

四、制订并实施理财计划

个人理财计划就是当个人理财目标制定好后，应根据目标制订相应的个人理财计划和实施步骤。个人理财计划即理财目标的细化、理财投资步骤的落实。一份理财计划包括两个方面：首先是设想出可能的行动方案，然后是选择出适合自己的方案，即实现理财目标的执行计划，包括时间、具体步骤，根据理财要求确定匹配资金来源，选择理财投资工具。

根据自身的条件、能力、素质，选择适合自己的投资工具进行个人理财投资，将会产生良好的投资回报。如果盲目跟随别人投资，或选择自己不熟悉的投资工具，将会给资产带来很大的风险。

目前国内主要的个人理财投资工具见表 1–6。

表 1–6　**国内主要投资工具表**

投资工具	储蓄	保险	债券	基金	外汇	股票	期货	房产	金银	收藏
风险性	低	低	低	中	高	高	高	中	中	中
收益性	低	低	中	中	高	高	高	中	中	中
兑现性	高	低	中	中	高	高	高	低	低	低

比如，要制订一份养老理财计划，可以通过储蓄、保险、基金投资等多种产品与渠道，理财计划中应该给出明确的措施，同时，理财计划还应该制订定期检视的时间表。

另外，个人的理财规划往往受到许多因素的影响，这些因素的总和构成了制订理财计划的环境，一般可以将这些因素分为三大部分（见表1–7）。

表1–7　**影响理财计划的因素**

经济因素	社会变化因素	个人因素
国内经济情况 利率 失业率 国际收支和汇率 财政收支	人口结构和人口寿命 社会结构的变化 家庭模式 其他因素	年龄 婚姻情况 收入 性格爱好 亲朋好友

五、评估和修正理财计划

任何一个理财计划都仅仅适合当时的市场环境及个人状况，随着经济等环境的变动，如战争、政治事件、重大经济改革以及金融市场上的投机活动等，投资者都会面临各种各样的风险。个人理财的投资计划也应当以规避风险为宗旨，及时进行调整，保证家庭资产的保值和增值。因此，在制订了一个比较满意的个人理财计划后，还要不断地了解市场信息，获取有效的资源，适时调整自己的投资策略，以充分适应市场变化。所以整个理财过程是一个循环的、动态的过程，需要定期对自己的理财计划进行评估和修正。

第四节　个人理财的产生和发展

一、个人理财的起源及发展

个人理财最早在美国兴起，并首先在美国发展成熟，可以说美国个人理财的发展历史代表了世界个人理财的发展历史。

（一）萌芽期（20世纪30—60年代）

个人理财起源于20世纪30年代的美国，其萌芽仅仅是保险工作人员为兜售本公司产品而采取的一种全新策略。1929年10月股票暴跌，当时严重的经济危机和股市大崩盘给人们的生活带来巨大的不确定性，保险的“社会稳定器”功能促使保险公司的地位得到了空前的提高，同时大危机使人们开始萌生了对个人生活的综合设计和资产运用设计方面的需求。在这种背景下，一些保险推销员在推销保险商品的同时，也提供一些生活规划和资产运用的咨询服务，这些保险营销员被称为“经济理财员”，也就是财务规划的萌芽，尽管不成熟但已显现出很强的生命力。随后，可以满足各种不同需求甚至为客户量身定制的金融产品逐渐为人们所关注。

（二）发展期（20 世纪 60—80 年代）

随着第二次世界大战后经济的复苏和社会财富的累积，个人理财业务也从初创期进入了扩张期。社会、经济环境的变化逐渐使富裕阶层和普通消费者无法凭借个人的知识和技能，通过动用各种财力资源实现自己短期和长期的生活、财务目标，真正意义上的理财概念和理财资格制度是 20 世纪 60 年代末期以后才确立的。1969 年是美国理财业发展的标志性年份，这一年美国创立了首家理财团体机构 IAFP（International Association for Financial Planning），它是一家以普及理财知识、促进理财发展为目的的社会团体。1972 年，美国创立了理财教育机构——College for Financial Planning，并创立了 CFP 标志（Certified Financial Planners）。1973 年，该校的首批 42 名毕业生获得了 CFP 资格证书，并由该批毕业生设立了旨在建立和维护理财的专业权威性，在世界上推广理财资格活动的团体 ICFP（Institute of Certified Financial Planners）。1985 年，ICFP 在社会各界的支持下，设立了 IBCFP（International Board of Standards and Practices for Certified Financial Planners，后改为 Certified Financial Planners Board of Standards，简称为 CFP Board）。

经过了 20 世纪 70 和 80 年代的发展，美国开始出现真正意义上的理财业和较为完善的理财制度。另一方面，个人财产管理、运用的时代背景发生了重大变化，突出表现在：个人金融资产膨胀、金融自由化浪潮兴起、老龄化社会来临等方面。这一系列因素促使人们对理财的需求急剧增加，作为金融自由化改革的结果，金融商品迅速增加、金融风险加大，人们迫切需要理财师的帮助，这样就推动了理财业的空前发展，理财业的地位不断提升。

（三）成熟期（20 世纪 80 年代至今）

1987 年 10 月 19 日的股灾使投资者的损失达 1 万亿美元。理财师由于提出的投资方案遭到重创而丧失了信用，理财师给人们留下了强烈的不信任感，社会地位直线下降，理财业迎来了最艰难的时期。尽管如此，其后的一段时间，理财业的热心者们开始考虑改革理财制度，将理财的工作重心转移到生活规划上来，如养老后养老年金的安排等。另外，CFP Board 开始重视后续教育和严格遵守伦理规定的问题，这一点直到现在也没有改变。2000 年 1 月，IAFP 和 ICFP 合并，成立新的理财组织 FPA（Financial Planning Association），其目的是为理财提供一个有机的活动空间，使理财业朝着健康的方向发展。美国的理财业经过 1987 年低谷后的调整恢复，目前已成为认知度和社会地位相当高的专门职业，可以说美国的理财业进入了成熟期。

从世界范围来看，20 世纪 70 年代以来，全球商业银行在金融创新浪潮的冲击之下，个人理财业务获得了快速发展。从发达国家银行个人理财业务的发展趋势看，个人理财业务具有批量大、风险低、业务范围广、经营收益稳定等优势，在商业银行业务发展中占据着重要位置，贴身的个人理财服务也成为近年来银行业竞争的主要焦点。

二、我国个人理财的现状和发展

我国的个人理财服务出现在 20 世纪 90 年代后期。1996 年，中信实业银行广州分行率先挂出了“私人理财中心”的牌子，我国银行的个人理财业务正式起步。1998 年，中国工商银行的上海、浙江、天津等 5 家分行，根据总行的部署，分别在辖区内选择了一些软硬件条件符合要求的营业网点进行“个人理财”的试点。当时商业银行、保险公司和证券公司根据自身业务的特点和对个人理财的认识，推出了具有鲜明行业特点的理财服务，其中银行以优化组合各项个人银行业务为主，主要是根据客户的要求提供组合式的个人银行服务；保险公司主要以推广投资连接型的保险产品为主；证券公司则以提供代客理财和证券咨询服务为主。经过多年的发展，目前我国个人理财业务积累了越来越多的积极因素。麦肯锡 2006 年的调查显示，在 1995 年至 2005 年中，中国个人理财市场每年的业务增长率达到 18%，今后的理财市场增长率将以每年 10% ~20% 的速度突飞猛进。个人理财的前景非常广阔，需求旺盛，正在成为我们生活中重要的一部分。

虽然我国个人理财业务市场潜力巨大，但由于种种因素，个人理财业务尚处于发展中的初级阶段，具体表现在：

1. 金融业分业经营的现状制约了个人理财业务发展的空间。在分业经营管理的体制下，我国银行、证券、保险三大市场相互割裂，个人理财业务发展空间受到限制，银行、证券公司和保险公司提供的个人理财服务均以本行业的业务为主，这导致个人理财业务只能在较低的层面进行操作，基本上停留在咨询、建议或投资方案设计等层面上，还不算是真正意义上的理财。

2. 投资市场的不完善阻碍了个人理财业务的良性发展。我国资本市场投资品种单一，几乎只有股票可供投资者选择，公司债、国债市场极不发达。另外，由于我国实行较严格的外汇管制政策，国内大部分个人投资者难以参与国际投资市场。金融投资市场可供投资的范围和品种较少，投资收益低甚至亏损，个人投资理财的操作空间有限，在相当程度上挫伤了广大居民参与投资理财的积极性。

3. 各金融机构的软硬件建设与个人理财的需求尚存在较大差距。目前国内银行、保险公司和证券公司的机构设置、考核机制、信息系统、人员培养、服务机制等各方面主要还停留在以业务线条为中心、以业务指标为目标的传统模式上，尚未真正建立以客户为中心、以综合效益为目标的模式，而实现这一转变是复杂而艰巨的系统工程，不可能在短时间内一蹴而就。

4. 缺乏高素质的个人理财人员。由于理财业务是一项综合性的业务，它要求理财人员必须具备渊博的经济和法律知识，全面了解银行、证券、保险、房地产、外汇、税务、教育、法律等方面相关知识，要求理财人员拥有丰富的金融从业经验，具有优良的职业操守、良好的人际交往能力和组织协调能力。专业和称职的个人理财人员的匮乏是制约我国个人理财业务的主要瓶颈。

总之，居民个人财富增长、金融市场的变化和监管制度的改革构成了我国个人理财业务发展的强劲动力，但市场基础要素的缺陷和不足制约了个人理财业务的快速发展，我国的个人理财业务正处于市场呼唤发展、机遇与挑战并存的发展阶段。

第二章　财务与预算规划

第一节　个人财务记录

一、个人财务管理活动

为了便于观众和参赛各方了解比赛进程，各类比赛中设立了记分系统。而个人理财活动同样也需要类似的记分系统，以便于个人能够随时了解自己的财务信息，做出相应的决策，这就是财务记录。各种财务记录可以揭示你目前的财务状况，帮助你分析了解存在的问题，最后通过制定收支预算，让你能有效地管理和控制理财活动。

个人的财务管理活动可以按照时间来划分，如图 2–1 所示。

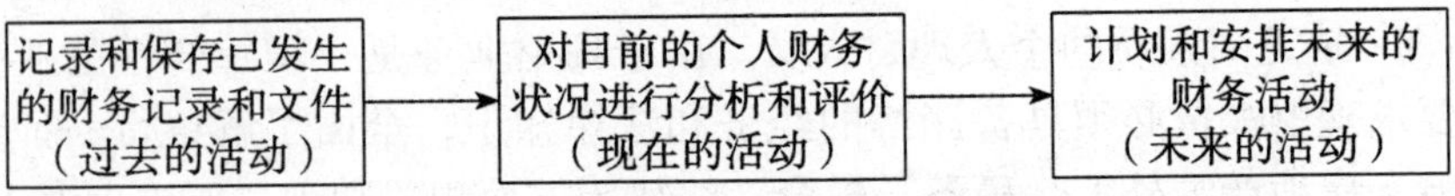

图 2–1　主要的个人财务管理活动图（记录、评价、预算）

如图 2–1 所示，个人财务管理活动主要有三个方面的内容：

1. 记录和保存个人财务记录和文件。个人财务记录主要是记录过去的各种财务活动以及在这些活动中所产生的各种财务信息，这些信息是了解现在和预期未来的基础。这些记录是多种多样的，既包括商业交易，也包括财产，还有法律事件的书面证据。有效的财务管理应首先从这些第一手的、原始的个人财务信息的保存和记录入手。

2. 对目前的财务状况进行分析，找出健全的方面和指标，也找出不健全的方面及指标。通过这种分析能够衡量自己的财务状况，评价自己在财务方面的进展；或找出问题之所在，以及发现出现问题的环节及原因。

3. 在已有财务记录和分析的基础上，即在掌握过去和现在的财务状况的基础上，对自己的未来进行规划和计划，这种计划既有长时段的，即长期规划和预算；也有短时段的，即短期规划和预算。

个人财务管理活动的三个方面存在着密切的关系，从时间的轴线上可以非常清楚地看出这一点。对个人财务信息的掌握是分析现状和把握未来的基础，如果没有很好地做到对自己的信息分门别类、进行很好的记录，就难以规划好现在和未来。同样，对目前状况的分析以及找出原因，也是预算未来的基础。因为只有对现状进行分析，以及归纳总结不足及原因，才能在预算中去芜存菁，同时好的预算也是未来良好财务活动的基础。

二、个人理财记录的作用

要开始理财，首先要清楚自己的财务状况，包括总资产是多少、负债是多少、净资产是多少、每月收入多少、支出多少、剩余多少等等。财务状况是否合理等问题是在理财时必须清楚的，而个人财务管理可以帮你轻松弄清楚这些繁琐的问题，所以个人财务管理是理财的第一步。那么，如何迈出这关键的第一步呢？首先要记录自己的财务情况。

如果没有持续的、有条理的、准确的财务记录，要理好财是不可能的。因此，在开始理财之初，详细记录自己的财务情况是十分必要的。一份好的财务记录可以使我们得到下列好处：

1. 帮助我们安排日常商业事务，比如按时偿付账单，包括及时偿付信用卡和及时交纳公共事业费等。

2. 对财务活动和财务过程进行监控，衡量接近目标所取得的进步。

3. 掌握日常收支情况，有效改变不合理的消费行为，成为一个理性的消费者，减少消费的冲动和盲目性。

4. 保留理财活动的信息，为以后需要的各种报告提供基础信息，如提供缴纳个人所得税的收入材料，去银行贷款时需要提供的资产材料等。

5. 了解自己的财务状况，方便进行各种财务决策。

三、个人理财记录的类型和分类

随着经济社会的分工和发展，日常生活中涉及的个人理财文件和记录的种类越来越多，我们可以做一番归纳整理，见表2–1。

四、如何进行个人财务记录

个人财务记录主要是记录过去的各种财务活动以及在这些活动中所产生的各种财务信息，这些信息是了解现在和预期未来的基础。这些记录是多种多样的，既包括商业交易，也包括财产，还有法律事件的书面证据。个人财务记录包括两个阶段，分别是收集和整理。

（一）个人原始财务信息的收集

有效的财务管理应首先从这些第一手的、原始的个人财务信息的保存和记录入手。

表2-1　　理财记录的类型和分类

记录类别	相关文件
个人和职业记录	最新简历、学历和学位证书、身份证、工作证、奖状、成果、劳动合同、社会保险文件、推荐信、实习证明、出生证明、户口簿、结婚证等
资金管理记录	最新预算、最近个人财务报表（资产负债表、现金流量表等）、理财目标列表、保险箱内容清单等
纳税记录	工资单、既往个人所得税完税证明、应税收入证明、抵扣税项文件等
理财服务记录	存折、银行卡、支票、银行结算单、开户资料、保险箱信息等
信用记录	发票、收据、银行对账单等
个人消费记录	购物发票、保修卡、使用手册、说明书、保证书等
住房记录	购房合同、房产证、契税完税证明、土地使用权证、按揭文件、房屋维修文件、租约（如果租房）等
保险和健康记录	保险单证、保险费收据和到期日列表、医疗信息（健康记录、处方药信息）、索赔记录等
投资记录	证券（股票、债券、基金）买进和卖出记录、开户的证券公司联系方式、股东卡、红利记录、中介结算单、公司年报等
遗产和养老记录	遗嘱、养老金计划信息、养老账户结算单、财产公证书等

原始的个人财务信息记录分两种类型：一种是记录个人财务信息的文件，包括身份证、银行开户资料；另一种是记录理财行为过程的文件，比如购物发票、纳税证明、银行存取款凭条等。

原始财务信息的保存和记录是非常必要的，它是大多数非原始信息的基础，又不完全反映在非原始信息中，比如产权文件、合同文书、商品保修单等就不能反映在数量化了的非原始信息中，但对于我们的理财却是至关重要的，这往往被人们所忽略。原始财务信息的保存记录可以像图书馆对图书的处理一样，首先分门别类，如分为个人消费记录、金融服务记录、房产和汽车记录、投资记录等。然后按时间顺序记录，每一个类别存放于不同的文件夹，再为所有资料做一个目录，以方便查阅。

（二）非个人原始财务信息的记录

就像每本书都有目录一样，种类繁多的原始财务信息也需要通过后期加工编制目录，即通常意义上的记账。非原始财务信息是自己进行了简单的提炼和综合后的信息，可以对每笔收入和支出都记录，即记流水账。收入应分类别登记，比如工资、稿费、奖金等，支出应进行详细登记，因为不管对于个人还是家庭来说，相对于企业，主要还是消费单位，不能把企业的记账模式完全照搬，所以支出登记要分门别类，比如购置生活用品的支出、大件消费品的支出、交通工具维修支出、购买证券支出等，要详细具体，落实到何年何月何事支出多少，这样就可以对自己的支出情况有一个清晰的概念，便于对支出情况进行监督，及时总结经验教训和进行调整纠偏。

通过以下五个步骤，我们能轻松建立有序的财务生活。

1. 挑出重要的个人财务文件

经常有人会找不到一些重要的个人财务文件，这是因为我们往往有太多的个人财务文件及资料，又不可能把它们全部保存下来。所以首先我们要做的就是学会识别哪些是我们需要的文件，而对那些不需要的文件则可以处理掉。为了防止一些个人信息被别人恶意使用，最好将那些含有个人姓名、身份证号码等个人信息的文件销毁。

2. 找到合适的系统或方法存放

我们可以将所需保存的文件分为三类，对不同的文件采取不同的存放方法。

一是当前年度的相关文件，比如当前年度的银行或投资对账单、信用卡账单及各种费用收据等，将之放在方便取阅的地方。

二是近期不需要，但将来需要的文件，如往年的银行或投资对账单、完税凭证的复印件、保险合同及其他我们认为将来可能用到的财务文件。

三是不可替代的文件，将那些不易补办的文件放在保险箱内，如出生证、结婚证、护照、股东卡等。我们也可以将主要财产拍成录像一并存放在保险箱内（见图 2-2）。

3. 制作一个清单

最好将所有的银行、保险及投资账户的账号、密码及中介的联系方式一并记录下来，把这份清单放在亲戚或可信任的好友那里，或者以电子文档的形式放在电脑里安全的地方，以备将来需要的时候亲戚或朋友可根据指示找到它。

4. 留意收到的邮件

除了偶尔的贺卡、杂志或产品目录等，我们大多的邮箱都是塞满了信用卡账单。因此最好有个分类处理的方法，并将之融入日常事务中，比如

家庭档案

1. 个人和职业记录	2. 资金管理记录
3. 纳税记录	4. 理财服务记录
5. 信用记录	6. 购买记录
7. 房产记录	8. 保险记录
9. 投资记录	10. 遗产和退休记录

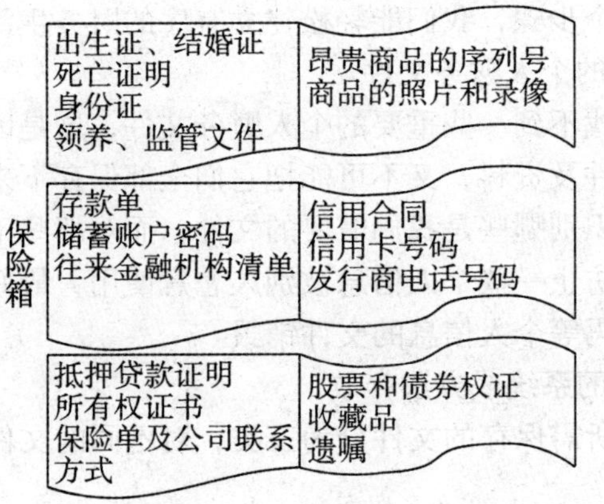

个人计算机体系

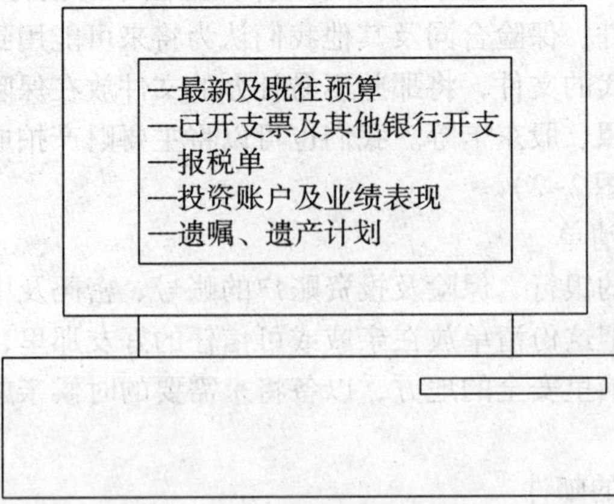

图 2-2　保存理财记录的地方

采用电子付款系统等。即使我们不用电子付款系统，也最好在收到账单的时候将它们记录在日历上，并在还款日期上标注数量及收款方，以免将来有任何遗漏。

5. 充分利用现代信息技术

现代信息技术可以使我们大大减少必须保存的纸质财务文件。比如，将一些重要文件扫描起来存放在磁盘内，或使用电子付款系统及自动还款系统，当然我们还可以使用各种理财软件。它们不但能使我们节省花在处理这些纸质文件上的时间，而且能确保我们及时付款，甚至提前告知我们账户上是否有足够的钱还款。

这些理财记录应该被保存多长时间应根据具体情况加以区别，有些需要永久保存，如出生证明、学历和学位证书等；有些则需要按照财产的状态进行调整，如家电到达使用期限予以更换了，则相应的保修卡、发票就不需要了，需要剔除不必要的补充进新的。对于其他的记录，如投资记录等原则是一样的。这就要求我们对于这些记录的保存有固定的载体，便于方便地增加或者删除。另外，要养成定期整理的习惯，保持理财记录的规范有序。

第二节　个人财务报表

理财记录是零散的信息，必须经过总结归纳才能为我们的理财活动提供有效的信息。每个旅程都有起点，你必须知道你的起点，然后才能启程，而个人财务报表会说明你的理财旅程的起点。对多数人来说，进行财务分析和编制财务报表是企业和政府部门的事，与自己无关，自己不仅不会编制财务报表，而且也看不懂。其实财务分析和财务报表的编制对个人和家庭理财同样非常重要，它可以提供有关现在的财务状况和收入支出的信息，记录你的财务活动信息，衡量你向自己财务目标的进展。

个人财务报表可以参照企业的财务报表编制，但是因为个人或家庭的财务活动主要是现金流动，所以可以省略企业的利润表，只做资产负债表和现金流量表。

一、个人资产负债表

（一）含义

资产负债表是指报告个人在某一时点的资产和负债状况的财务报表，又称净资产表。资产负债表说明你某一时点（如 1 月 1 日、3 月 31 日等）的财务状况如何，是个存量指标，它并不揭示你的资产和负债是如何形成的，只是告诉你目前的结果，所以资产负债表显示的是静态数据。

资产负债表的作用在于：一是反映资产及其分布状况，二是表明所承担的债务及其偿还时间，三是反映净资产及其形成原因，四是反映未来财务发展状况趋势。

（二）计算公式

资产（你的所有）-负债余额（你的债务）= 净资产（你的财富）

如果你的资产是 10 000 元，你的负债是 6 000 元，那么你的净资产就是 4 000 元。

编制资产负债表就是要确定资产、负债和净资产这三项，并且把相应的项目归类到三者中的某一项中去的工作。对于资产负债表，以上的等式是永远成立的，由这等式而来的数据可以确定个人目前的财务状况。

（三）资产负债表的编制

个人资产负债表包括三大块，即资产、负债和净资产，所以个人资产负债表的编制可以分三步（见图 2-3）。

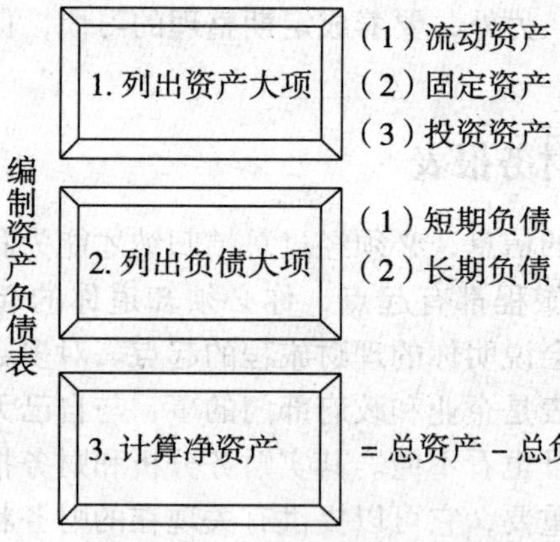

图 2-3　如何编制资产负债表

第一步列出资产大项，按资产的流动性分类，包括流动资产、固定资产、投资资产。具体地，流动资产名目下可以包含现金、银行存款等；固定资产包含住房现值、汽车现值、耐用消费品，如家电、家具等；投资资产包含股票、基金、债券等。当然，也可以按照现金及现金等价物、其他金融资产、个人资产等来分类。要注意的是，资产的价值并非一成不变，会随着时间推移和市场的波动而发生变化，所以应该按照编制资产负债表当时的实际价值计算。

第二步列出负债大项，以一年为界，分为短期负债和长期负债。短期负债包含应交公共事业费、应付信用卡等；长期负债则包括如汽车贷款、住房按揭等。

第三步计算净资产，净资产是用总资产减去总负债所剩余的部分。负债包括房贷，车贷，信用卡未还的金额等。净资产的重要性在于，让每个家庭在了解了自己拥有多少可支配的财产以后再实施投资计划。家庭净资产的规模是个人理财的出发点，净资产规模是实现购房、教育、养老、旅游等计划的基础。所以每个人都要像定期对汽车或身体的检查一样，定期（如每半年）了解自己家庭的净资产及其增长情况，这对个人成功理财是有力的保证。

【例 2-1】刘女士今年 38 岁，与丈夫同在村办企业工作。家庭月收入为 9 200 元，丈夫每季度有 6 000 元至 8 000 元的奖金，年终奖 10 000 元左右。每月家庭支出主要为日常衣食 3 000 元、交通费 1 000 元、通讯费 300 元、医药费 200 元。儿子目前上小学，每月的学杂费等约 500 元。每年计划旅游一次。家庭现有存款约 60 000 元、国债 50 000 元、信托产品 50 000 元。目前持有货币市场基金 260 000 元、短期债券基金 60 000 元，股票基金 160 000 元。此外，夫妻两人有住房公积金 90 000 元，住房一套，现价约 1 400 000 元。那么刘女士现在的资产负债表编制结果可如下表所示，它表示的是目前刘女士的资产总额为 2 130 000 元，负债总额为 0，净资产为 2 130 000 元。

刘女士家庭资产负债表

单位：元

资产		负债及净资产	
项目	金额	项目	金额
现金及活期存款	60 000	负债	0
国债	50 000	净资产	2 130 000
信托产品	50 000		
货币市场基金	260 000		
短期债券基金	60 000		
股票基金	160 000		
住房公积金	90 000		
住房	1 400 000		
合计	2 130 000	合计	2 130 000

（四）个人资产负债表分析

资产说明的是个人现在能够占有和使用的资源，但是净资产的理论含义是个人将其所有资产出售和所有债务偿还后的现金价值，因此净资产比资产更能说明个人当前的财务状况。

资产、净资产和负债之间的关系可以有几种不同的表述方式，分别代表了不同角度的认识：

资产-负债=净资产　　（公式 2-1）

资产=净资产+负债　　（公式 2-2）

负债=资产-净资产　　（公式 2-3）

公式 2-1 考虑的是个人拥有资源的规模，强调的是这些资源的所有权的归属。

公式 2-2 揭示的是个人的经济规模，即目前拥有的资源总量，而不管这些资源的来源。

公式 2-3 揭示的是在个人目前正在使用的资源中，哪些是不属于自己的。

事实上，这三个角度对于认识个人财务状况都是有益的。

如果净资产是负数，就意味着资不抵债，处于破产状态（我国目前还没有个人破产制度）。要指出的是，要把超前消费和破产区分开。通过借贷超前消费时，个人的净资产可能是负数，但只要其未来的收入能够偿还债务，则不存在资不抵债导致破产的情况。

增加净资产的主要方法就是开源节流，包括：

①增加储蓄；

②减少消费；

③增加投资及其他物品的价值；

④减少负债。

资产负债表的评价指标主要是资产负债率，即负债与资产的比率，负债所占资产份额越低，说明资产质量越好。其公式为：

资产负债率=负债/资产×100%　　（公式 2-4）

若比率=1，说明资产等于负债，此时净资产为 0；

若比率<1，说明资产大于负债，此时净资产为正，可以考虑投资；

若比率>1，说明资产小于负债，此时净资产为负，资不抵债，存在财务危机。

在例 2-1 中，刘女士的资产负债率为 0，没有任何负债，并且其中流动资产和投资资产占了很大比例，说明资产状况很好。

通过分析个人资产负债率，可以给我们提出一些启示：

①考查自己的收入水平、个人的收入负债比有多大，当收入与负债比超过一定范围时，应该引起注意，适当减少一些个人债务，以免形成债务压力。

②根据债务的偿还期限、偿还能力，尽量将自己的债务长中短相结合，避免将还债期集中在一起，到时自己无力偿还。

③考查债务的用途、收益，高风险投入的债务以少为好，有稳定收益的可以多借些，没有收益、消费性的借债以长期为好。

二、个人现金流量表

资产负债表反映的是在某一固定时点的资产和负债情况，是一种静态情况的反映。它的编制可以一年一次，至于平时的动态反映，则通过一个月编制一次的现金流量表进行，它揭示了资产和负债是如何形成的。

（一）含义

现金流量表是指概括个人或家庭某段时间内现金收入和支出的财务报表，又称现金收支表，如在一个月之内或是一年之内个人的现金流入和流出。编制现金流量表的目的，是揭示个人或家庭生成现金的能力和时间分布，以利于正确进行消费和投资决策。如果把现金看作日常财务活动的“血液”，那么现金流量表就好比“验血报告”。个人日常理财的好坏，从这份报告中可以有个初步判断。因为从其他财务报表中，只能掌握现金的静态情况，而现金流量表却反映了现金流动的动态情况。

（二）计算公式

既定时间段的现金流入－既定时间段的现金流出＝净现金流量（结余）　　（公式2-5）

（三）现金流量表的编制

和个人资产负债表一样，现金流量表也包含三块：总收入、总支出、净现金流量，其编制也可分为三步（见图2-4）。

第一步确定现金流入（收入），包括工资、奖金、利息收入、股票分红等。

第二步记录现金流出（支出），包括固定支出和可变支出。固定支出如房租、公共事业费、汽车贷款月供、每月投资基金支出等，可变支出如买衣服的支出、购买礼品支出、购置家电支出等，每项因人而异，可以包含不同内容。

第三步计算净现金流量，净现金流量等于现金流入减去现金流出。

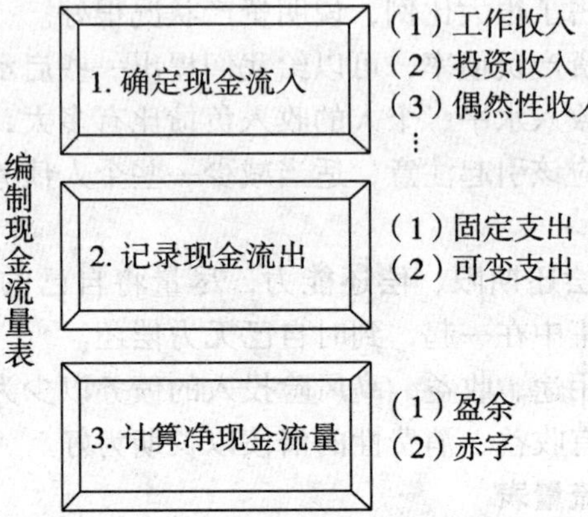

图 2–4　如何编制现金流量表

若净现金流量>0：表示个人日常有一定的积累。

若净现金流量=0：表示个人日常收入与支出平衡，日常无积累。

若净现金流量<0：表示个人日常入不敷出，要动用原有的积蓄或借债。

根据例 2–1 中给出的情况编制的现金流量表见表 2–2。

表 2–2　　**刘女士的现金流量表（月度）**　　单位：元

收入		支出	
项目	金额	项目	金额
工资	9 200	衣食	3 000
		交通费	1 000
		通讯费	300
		医药费	200
		子女教育费	500
合计	9 200	合计	5 000
		节余	4 200

（四）现金流量表分析

现金流量表的评价指标主要是收支比率，即支出与收入的比率，支出大于收入，说明应控制支出，以使收支平衡；收入大于支出，说明可以进行投资。

通过现金流量表我们可以了解个人某段时期的财务状况，对于个人收支平衡的控制，可以有以下途径：

1. 增加收入的来源和渠道，即“开源”。

2. 减少盲目消费和不合理消费，即“节流”。

三、资产负债表和现金流量表的关系和应用

资产负债表和现金流量表分别说明了个人某个时点和时期的财务状况，实际上两者之间是互为结果的。两个时点之间资产负债表净资产变动的原因，正是通过该时期现金流量表来揭示。例如，在1月1日、6月30日和12月31日分别编制资产负债表，这些时点的现金流量表能记录你的实际消费和储蓄（见图2–5）。

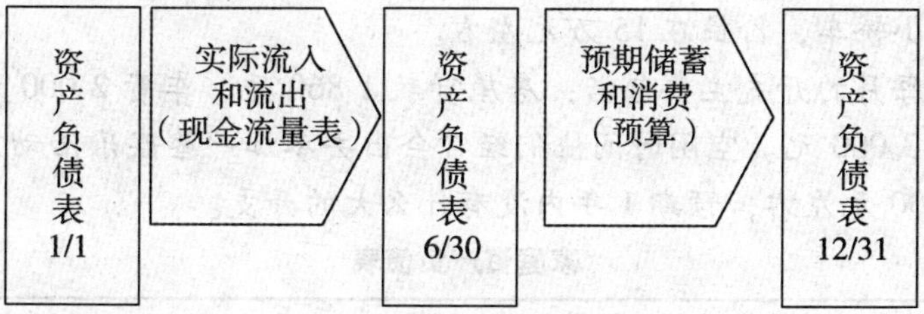

图2–5　利用资产负债表和现金流量表进行规划

净资产的变化是现金流入和流出相互作用的结果。当现金流出大于现金流入时，必须动用储蓄或者举借债务。这时，资产减少（储蓄）或负债增加（信用）将导致净资产缩小。流入大于支出时，将现金存入银行或者偿还债务会提高净资产。所以，现金流量表和资产负债表之间的关系可以用表2–3表示。

表2–3　**现金流量表和资产负债表的关系**

现金流量表	资产负债表
如果现金流入>现金流出	净资产提高
如果现金流入<现金流出	净资产减少

❅ 资料2–1

个人财务报表编制实例

一、个人财务状况

王先生30岁，某农村信用社信贷科的副科长，虽然工作相对比较稳定，但是竞争日益激烈。他的爱人郭女士在村小学做教师，尽管各方面的福利都很不错，但要想薪水再有大的提高也非常困难。

王先生夫妇都为独生子女，王先生每年的税后收入为10万元，郭女

士每年的税后收入大约为 8 万元（基本工资、奖金以及庭院收入合计）。双方的父母都已退休，且单位有较好的退休福利，均不需要郭女士夫妇有过多的照顾。

二人现在住的新房属于王先生单位的福利房，购买时房款总额为 35 万元，一次付清 25 万元，其余 10 万元通过住房公积金贷款，贷款年限为 5 年，采用的是等额本息还款方式，每月还款额为 1 860 元，夫妇俩有五年期定期存款 10 万元，还有半年到期，活期存款 5 万元。另外夫妇俩还拥有 10 万元王先生公司的股票，3 年内不能转让。商业保险方面，由于夫妇俩所在单位福利较好，所以自己均未买任何保险。夫妇俩计划两年内购买一辆小轿车，价位在 15 万元左右。

家庭每月的开支主要包括：房屋贷款 1 860 元，车费 2 000 元，其他费用大概 3 000 元。空闲时间他们经常会出去参加一些娱乐活动，一年费用在 10 000 元左右，预期 1 年内没有什么大的开支。

家庭资产负债表　　单位：元

客户：王先生和郭女士家庭	日期：20×2-06-14		
资产	金额	负债与净资产	金额
金融资产		负债	
现金与现金等价物		信用卡透支	
活期存款	50 000	住房贷款	100 000
定期存款	100 000	负债合计	100 000
现金与现金等价物小计	150 000		
其他金融资产			
股票	100 000		
保险理财产品			
其他金融资产小计	100 000		
金融资产小计	250 000	净资产	500 000
实物资产			
自住房	350 000		
实物资产小计	350 000		
资产总计	600 000	负债与净资产总计	600 000

家庭现金流量表　　单位：元

客户：郭女士和王先生家庭　　日期：20×1-06-14 至 20×2-06-14

年收入	金额	百分比	年支出	金额	百分比
工资和薪金			房屋按揭还贷	22 320	24%
王先生	100 000	56%	日常生活支出	60 000	65%
郭女士	80 000	44%	商业保险费用		
投资收入			休闲和娱乐	10 000	11%
			其他		
			其他支出		
收入总计	180 000	100%	支出总计	92 320	100%
年结余	87 680				

二、财务状况分析

郭女士家庭属于中等收入家庭，控制支出的能力不错，但资产增值能力较低，不能有效地积累财富。另外郭女士和王先生尽管还没有小孩，但是都有年老的父母，应为自己购买足够的保险以转移风险，保障家人的生活。由于郭女士和王先生所在行业整体的薪酬变动并不大，因此建议积小钱成大钱。

规划一：现金规划

郭女士对银行非常信任，但是也没有必要把大量的钱放在银行里存活期和定期，而且郭女士和她先生的收入都比较稳定，所以身边的现金够一个月开支就行，另外留两个月的开支备用，其余的钱可以以货币型基金的形式存在。

规划二：保险规划

郭女士夫妇的商业保险规划明显不足，需要再给夫妇俩购买一些保险，主要是寿险、重大疾病险和意外险。特别是郭女士在银行信贷科工作，不可避免地要经常陪客户，应酬较多，对身体的损害较大，而且经常在外边跑，不可预测的事情太多。因此，重大疾病险和意外险对于郭女士来说尤其重要。建议郭女士保费每年支出约为 1.5 万元，今年的保费由现有的活期存款支付。

规划三：消费规划

郭女士夫妇在银行有存款，又有贷款，这是非常不划算的。目前，5

年期住房公积金贷款利率为4.59%，而活期存款利率为0.72%，扣除利息税后为0.576%，郭女士把大量余钱以存款的方式存在银行，等于每年白白支付银行将近4%的利息。由于郭女士没有大额支出计划，选择提前还贷不失为一个明智的选择，至少可以少付大笔的利息，省得一方面在银行工作赚取工资，另一方面又给银行付那么多不必要的利息，为银行“白打工”。

夫妇俩的买车计划，由于目前贷款利率很高，所以建议郭女士王先生夫妇在定期存款到期还清住房贷款之后，积累到购车款后再考虑买车。由于车款不是很多，可以采取一次付清的方式。

规划四：教育规划

王先生所在的银行业竞争日益激烈，知识更新也很快，而且银行的盈利模式也正在慢慢发生转变，已经由存贷利差逐渐转向个人零售业务，为了能在职场上更顺利地发展，能走得更远，王先生可以考虑进修，给自己充电。进修的方式有很多种，考虑到王先生为信用社信贷科的副科长，结合目前市场的情况，可以建议王先生去报一个国家理财规划师的培训班，花费1.2万元左右，这样一来，可以使自己学到很多的知识，一方面为自己服务，另一方面可以在以后为客户提供一些增值的服务；增强自己的竞争力。

规划五：投资规划

郭女士家庭承受风险的能力较强，因此，建议郭女士每月拿出3 000元通过定期定额方式投资偏股票型基金。因为偏股票型基金主要投资股票，其短期内波动相对较大，但从长期看是个不错的选择。在选择基金时，要注意选择具有一定品牌、以往业绩较好的基金公司，这样相对风险较小，又有机会获取较高的投资收益。

资料来源　董华香．银行职员多“资”多“财”的生活之道［J］．卓越理财．2006（7）：56-57页．此处有删改．

第三节　个人预算

一、个人预算规划的含义

记账只是起步，是为了更好地预算。预算是指根据个人生活和财务目标，制订投资理财的计划，将财务安排提前确定。个人预算规划就是对个人的开支、消费、投资的目标达到什么样的状况进行统筹安排。通过制订良好的计划及实施，可以达到最有效地利用财务资源的效果。由于家庭收入基本固定，因此家庭预算主要就是做好支出预算。支出预算又分为可控制预算和不可控制预算，诸如房租、公用事业费用、房贷利息等都是不可控制预算。每月的家用、交际、交通等费用则是可控的，要对这些支出好好筹划，合理、合算地花钱，使每月可用于投资的节余稳定在同一水平上，这样才能更快捷高效地实现理财目标。

不少人认为投资规划和收支预算是有钱人的事情，这其实是错误的看法。无论是贫穷还是富有，都需要用积极的态度和办法控制自己的收入与支出，改善自己的财务状况。有了个人预算管理，才能谈得上理性的、系统的个人理财，才能谈得上个人资本的快速扩张。所以不要认为自己钱少而忽视预算管理，相反，正是预算管理才能使人较快地摆脱钱少的窘境。

二、个人预算的意义

预算是成功理财的第一步。做预算的主要作用是帮助我们做到收支平衡，避免负债，同时实现理财目标，准备应急之需以及培养优良的理财习惯。另外，预算能把常见的财务问题（如滥用信用、缺乏常规储蓄规划等）的发生概率降至最低。预算的意义有以下几个方面：

（1）实现收支平衡。通过制定预算，能够将未来的收入与支出进行合理安排，在实现之前就做到收支平衡。

（2）理智消费，建立约束机制，避免盲目性和随意性，提高财务资源的效率。

（3）提供理财目标和实施步骤。预算能将实现理财目标的过程具体化，将财务资源分配及目标达成时间一一细化，为我们实现个人理财目标提供切实可行的操作指示。

（4）为经济紧急事件做好准备。未来难以预测，紧急情况随时可能发生，在进行预算的时候就考虑到这一点，制订应急财务计划，留足紧急备用金，以备不时之需。

（5）养成优良的财务管理习惯。预算的实质是一个较为详尽的财务计划。监控各项收支，未雨绸缪，提前做好计划并随时进行监督，能够培养个人理财的良好习惯，为将来做出正确的理财决策打下坚实的基础。

做预算只是第一步，根据所做预算，我们可以划出自己“必要”的开支、“可有可无”的开支和“不该发生”的开支。对于必要的开支心中有数了，以后就能分出部分收入进行储蓄或投资；“可有可无”的开支尽量减少，最重要的坚决杜绝“不该发生”的开支。

三、编制个人预算的步骤

在编制个人预算时应遵循以下三个原则：（1）先满足基本生活需要；（2）储蓄和保险必不可少；（3）注重增长性。在这三个原则的约束下可编制出切实可行的预算方案。

预算规划流程可以如图2–6所示。

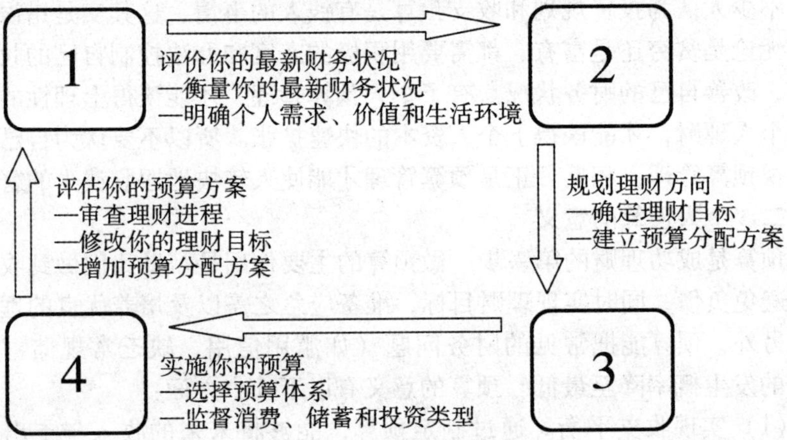

图2–6　预算规划的流程图

具体来说，编制个人预算包括以下7个步骤（编制实例请参看表2–5）。

1. 确定理财目标

对未来的规划对理财方向起着重要的影响。理财目标是对未来活动的规划，它要求对消费、储蓄和投资进行计划，第一章中我们已经详细阐述了理财目标应如何设定，资产负债表和现金流量表能帮助了解目前的财务状况，确定切实可行的理财目标。

2. 预测收入

通常的预算收入的时间是一个月，因为许多支出都是每月结清的。在确定可支配收入时，只应该计算那些肯定能得到的收入，各种分红、礼品或意料之外的收入在没有实际收到之前不应考虑在内。如果你每月得到一次收入，那么计算比较容易，但是如果每月取得多次收入，则必须规划每次收入应该支付哪些费用。如果收入根据季节不同而有变化，那么可以按照过去一年的状况来对未来一年的情况进行预测。在预测时采取相对保守的方式要更稳妥一些，这样可以避免对财务资源做出过于乐观的估计，从而因支出过度而陷入财务困境。

3. 规划紧急准备金和储蓄

为了应付未预测到的支出和保证未来的财务安全，在预算中要准备储蓄和投资项目，同时手中应该保留一部分的备用现金。专家建议，手中的备用现金应该能够应付 3—6 个月的生活费用支出。当然备用金的数量可以根据个人的生活状况和就业稳定性程度而有所变化。3 个月的备用金对拥有稳定工作和收入的人是适用的，但是对只拥有临时性工作的人，则应该有足够应付 6 个月生活支出的备用金。

4. 固定开支预算

对固定开支的估算是预算的一个重要组成部分，通常个人的固定支出包括房租、税、借款偿付、保险费等项目。

表 2–5　　　　**日预算计划表**　　　　单位：元

理财目标	预算金额	完成比例 (%)	实际金额	差异
预期收入				
工资	3 000	100	3 000	0
其他收入	0	0	0	0
总收入	3 000	100	3 000	0
预期流出 (资金分配)				
定期存款	200	7	200	0
投资储蓄	300	10	400	+100
紧急备用储蓄	200	7	150	–50
其他储蓄	0	0	0	0
总储蓄	700	24	750	+50
固定支出				
租金	250	8	250	0
抵押贷款	750	25	750	0
保险支出	300	10	300	0
固定支出总额	1 300	43	1 300	0
可变支出				
食物	250	8	300	+50
公用支出	120	4	150	+30
服装	200	7	150	–50
交通费	80	3	80	0
教育	150	5	100	–50
休闲娱乐	100	3	200	+100
其他支出	100	3	120	+20
可变支出总额	1 000	33	1 100	+100
总流出	3 000	100	3 150	+150

第一步：确定理财目标

第二步：预测收入来源，并将收入在各种流出项目中进行分配

第三步：分配紧急备用金、定期支出以及理财目标等资金

第四步：为必须支出的费用预留资金

第五步：各种家庭和生活费用等支出的预留费用

第六步：记录实际资金流出和流入，将实际金额与预算金额进行比较计算

第七步：评估是否需要修改消费和投资计划

5. 可变开支预算

对变动支出的预算相对困难一些，变动支出随家庭状况、时间、健

康、经济条件以及其他因素的变化而波动。当然，要一个钱也不花费、完全没有娱乐，那是不可能的，如果这样，一个正常的人也会变成呆子的。所以预留一定的消遣费用是很重要的。这一部分的支出往往要占到个人支出的50%以上。

6. 记录消费金额

明确消费计划之后，要对实际的收支情况进行记录，将实际发生的数据填到预算表相应的位置。通过对实际消费与预算金额的比较将直观地了解到自己理财的效果。收入差异应该是支出差异的相反数。收入小于预期会发生赤字，收入大于预期会出现盈余。某个项目的超支可以用减少另一个项目的消费或储蓄的减少来平衡，不过或许应该修改预算和理财目标。如果出现了赤字的话，就显示该月的收入不足以全数缴付所有支出。不必对此大为惊恐，因为预算的目的正是要找出这些理财的关口，预防入不敷出时的窘困。如果哪个月份出现入不敷出，可以考虑一下削减其他的支出，或利用已经有的投资套现，或利用借贷的方式来弥补有关的赤字。如果全年的预算是一个平衡预算或盈余预算，一时的赤字可视为暂时的现象，待日后的支出恢复正常时，财务将再度平衡或出现盈余。

7. 定期检查并修订预算计划

和大多数决策活动一样，预算是持续的、循环往复的过程，必须定期检查并根据实际情况修改消费计划。预算的结果很简单，要么账户里有多余的现金，要么没能及时支付账单，或者是其他情况。不过简单的结果有时并不是显而易见的，有时必须对那些实际消费与预期存在差异的部分进行检讨和总结。总结能帮助了解可能需要改变预算的地方，检查对成功的短期资金管理和长期理财安全都至关重要。

那么当预算出现短缺时应该缩减哪方面的开支呢？不同的家庭环境带来的答案也不一致，最常见的超支项目是娱乐和饮食开支，特别是外出旅游或者就餐。调整预算的常见手段包括购买价格略低的品牌商品、购买高质量的二手产品、租借而非购买某些使用频率不高的高档商品，等等。回顾预算时，可能需要修改理财目标，此时建立有效的节约方法可能是最关键的。

在表2-5的预算编制实例中我们可以看到，其实际收入与预算相符，但在支出方面就超出了预算，主要原因是没能控制住可变支出，致使超支100元，同时因为加大了投资力度，最终造成当月超支150元。总体来说，该月度的预算执行情况还算不错，仅超支了5%，今后可以通过相应的开源节流措施弥补这一赤字。

另外，在编制预算的过程中，还应考虑以下几点：

第一，生活成本的变化，应注意消费物价指数的变化。货币的购买能力会随着时间的变动而发生变化，在通货膨胀的情形下，消费者购买同样数量的物品未来要比现在花费更多的钱。

第二，生活成本的变化也随居住在何处以及购买何种物品而变化，居住在不同的地区，生活费用支出的比例是不一样的。同时，购买不同的物品，价格的变动也是不一样的。以中国的情形而言，耐用消费品的价格呈现逐步下降的趋势，如彩色电视机、汽车的价格等。但是服务的价格，如理发，则呈现逐渐走高的趋势；房屋租金也是逐步在上涨的。

四、成功预算的要求

拥有财务预算并不能解决财务问题，但是能够对财务资源及资源的流向做到心中有数，一个预算只有在按其执行时才能够真正发挥作用。收入、支出、目标的变化都需要在财务预算中有所反映。好的预算应具有以下的特征：

（1）良好的计划性。好的预算需要对未来有所计划，立足于现实，了解和预期切实可用的财务资源，在作预算时需要所涉及的人参与其中，这样做出来的预算才能够真正起到指导的作用。

（2）现实性。预算是建立在现实的基础之上的，预算的目的不是阻止享受生活，而是帮助在现有资源条件的限制之下，最大限度地去利用好这些资源。所以既不要因为作预算而有意地去削减正常的生活开支，同时也不要超出自己资源的限制，将预算的目标定得过高。如果只有中等收入，那么就不要将购买昂贵的汽车或出国旅游列入预算之中。

（3）灵活性。预算是对未来的财务计划，而未发生的事情总是存在着变动的可能性，存在着一定程度的不确定性。因此预算要留有一定的余地，能够随着生活支出的变化进行调整和修订。对于某些事件要有所预期，同时要有一定的措施，如疾病的发生就需要增加额外的费用。

（4）充分的沟通。在家庭范围内，预算的制订和执行都不是某一个人的事情，要和预算所涉及的人进行充分的沟通，只有大家都认同并执行该预算，否则预算是无法执行的。

另外，预算务必付诸书面，置于明显的地方，并持续追踪执行情况。如果将编好的预算锁在抽屉里，则一点也起不了作用。

第三章　现金规划

第一节　现金规划的基本知识

一、现金的概念

在金融活动中，现金的含义实际上有广义和狭义两种理解。广义的现金通常包括狭义现金和现金等价物。狭义的现金一般包括持有的现金以及可以随时用于支付的存款，而现金等价物则是指期限短、流动性强、易于转换成已知金额现金、价值变动风险较小的投资，一般包括支票账户、储蓄账户、货币市场账户、其他短期投资工具等。从本质上看，现金最重要的特征就是流动性强，方便支付，因此只要满足这一本质要求，能无损失或损失很少价值地转换为现金的，就可以视为现金。

在本章中只讨论狭义现金的规划，严格来说只针对个人持有的一般意义上的现金，至于存款、储蓄等现金等价物的规划，将放在以后的章节来学习。

二、现金规划的概念

现金规划是为满足个人或家庭短期需求而进行的对日常的现金及现金等价物及短期融资活动进行管理和安排的过程。

现金规划的目的在于确保有足够的资金来支付计划内和计划外的费用，并且使消费模式运行在预算之内。

从现金规划的内容来看，主要包括现金收入预算和现金支出计划，前者关注现金流入，而后者关注现金流出，其实质是保持流畅的个人或家庭现金流，避免出现周转不灵的现象。

在个人或家庭的理财规划中，现金规划既能够使所拥有的资产保持一定的流动性，满足个人或家庭支付日常费用的需要，又能够使流动性较强的资产保持一定的收益。一般来说，在现金规划中有这样一个原则，即：短期需求可以用手头的现金来满足，而未预期的或者将来的需求则可以通过各种类型的储蓄或者短期投融资工具来满足。

一般来说，现金规划源于个人或家庭对资产流动性的需求，而流动性需求来源于三个动机，即交易动机、预防动机和投资动机（表3–1）。

表3-1　　持有现金的动机分析

动机	含义	影响因素
交易动机	为维持日常生活需要而持有现金	收入水平、消费偏好
预防动机	为应付紧急情况而持有现金	1. 风险承担能力 2. 举债能力 3. 对现金流量预测的准确性
投资动机	为把握投资机会获得较大受益而持有现金	1. 投资机会 2. 风险偏好
说明	持有的现金总额并不等于各种动机相加，前者往往小于后者	

三、现金规划的作用

1. 在个人理财规划中，现金规划有助于满足日常现金需要，作为商品经济社会不可或缺的重要元素，人们在生活中离不开现金。

2. 现金规划同时可以满足计划外现金消费——紧急备用金的提留。紧急备用金作为家庭的现金流的缓冲池，为应付失业、生病等不时之需，紧急备用金一般为月支出的3~6倍。

3. 现金规划有助于提高资金利用率。现金的持有确实能给生活带来许多便利，但也不是持有越多越好，持有现金的比例越大，资金盈利的机会成本就越高。

四、持有现金的机会成本

放在桌上的现金（cash on the table），是西方经济学家最常使用的隐喻，它喻指人们错过获利的机会。对于金融资产来说，通常流动性和回报率是成反方向变化的。现金具有很高的流动性，因此它必将伴随着一定的机会成本。现金的机会成本在金融资产里一般被看做进行活期储蓄的所得。如果持有现金，在满足流动性需求的同时就意味着放弃收益。因此要对资本的流动性和收益性进行权衡。

第二节　货币的时间价值

人们常常说，现在的1元钱和1年后的1元钱的潜在经济价值是不相等的，前者要大于后者，原因在于现在的1元钱在1年之后，可以变成1元以上。因为如果把这1元钱用于投资，那么会有一个收益，这个收益也就是时间价值。如果从投资者的角度看，投资就是将现时的消费推迟为未来的消费，而把1元钱用于投资而不是用于现时消费是要求报酬的，即1年之后用于消费的货币要多于现在用于消费的货币，其差额就是货币时间价值。

一、货币的时间价值

所谓货币的时间价值，是指货币经历一定时间的投资和再投资所增加的价值。也就是说，货币用于投资并经历一定时间后会增值，其增值部分就是时间价值。

❀ **资料 3-1**

“时间的价值”

陈小姐和张先生年纪相同，陈小姐在25岁即开始每年投入5 000元，年均回报率假设8%，陈小姐连续投资10年后，不再继续投入，但也没有取出任何投资资金，直至60岁，陈小姐投资本金总额为50 000元，而60岁时复利回报总金额为496 054元（投资年数35年）。

张先生在35岁才开始投资（晚了10年），同样每年投入5 000元，年均回报率也假设为8%，张先生持续投资25年从未间断，总本金投入125 000元，张先生60岁时其总复利回报为365 529元。两者相比，陈小姐只投入50 000元，总投资回报金额比张先生多出130 525元。这就是我们所谓的“时间的价值”。

货币之所以有时间价值，有三个方面的原因：

1. 货币可用于投资，获得利息，从而在将来拥有更多的货币量。
2. 货币的购买力会因通货膨胀的影响而随时间改变。
3. 一般来说，未来的收入预期具有不确定性。

二、利率

（一）概念

利率是资金的使用价格，是因使用货币而支付（或挣到）的货币。利率常以百分率（%）、千分率（‰）或万分率（‱）表示，其计算公式可表示为：

$$利率=\frac{利息}{本金}$$

计算利息有三个基本要素：本金、利率和时期。利息的多少与这三个要素成正比关系：本金数量越大，利率越高，存放期越长，则利息越多；反之，利息就越少。

（二）单利与复利

单利是指只计算本金在投资期限内的时间价值（利息），而不计算利息所产生的利息。

复利是指在每经过一个计息期后，都要将所生利息加入本金，以计算下期的利息。这样，在每一计息期，上一个计息期的利息都要成为生息的本金，即以利生利，也就是俗称的“利滚利”。

其计算公式可表示为：

单利：$S=P(1+ni)$

复利：$F=P(1+i)^n$

式中，S：单利终值；F：复利终值；P：本金；I：利率；n：利率获取时间的整数倍。

例如，老王的存款账户上有 100 元，现在的年利为 3.06%，按单利计算，第一年末账户上的钱应该是：

$S_1=100\times(1+0.0306)=103.06$（元）

第二年末，账户上的钱应该是：

$S_2=100\times(1+0.0306\times2)=106.12$（元）

依次类推，第 n 年年末的存款账户总额为：

$S_n=100\times(1+0.0306\times n)$

若将上述实例按复利计算，第一年末，账户上的钱是：

$F_1=100\times(1+0.0306)^1=103.06$（元）

第二年末，账户上的钱应该是：

$F_2=100\times(1+0.0306)^2=106.21$（元）

依次类推，第 n 年年末的存款账户总额为：

$F_n=100\times(1+0.0306)^n$

如果有一笔利率是 3% 的 10 000 元存款，一年计息一次，那么你知道到期的单利与复利相差多少吗？有关比较请见表 3-2。

表 3-2 **单利、复利的比较** 单位：元

时间	单利	复利
1 年	300	300
2 年	600	609
3 年	900	927.27
……	……	……
50 年	15 000	33 839.06

❀ 资料 3-2

神奇的复利

如果你现在 30 岁，投入股市 10 万元，假如每年赚 20%，到 60 岁时你能拥有多少金钱？

答案是：2 373 万元！

有这么多吗？你可能觉得惊讶。就是这么多！

怎么会呢？答案是：因为神奇的复利的力量。

复利，就是“利生利”、“利长利”的意思。复利看起来很普通，很平常，但真正了解它在财务上的意义，真正理解它的真谛的人并不多。这不奇怪。一位世界闻名的大师，都深感震撼地评价说：复利是“前所未有的数学大发现”。这位大师不是股市投资专家，而是伟大的爱因斯坦。

复利产生力量的源泉有两个：一是收益率，收益率越高越好。同样是 10 万元，同样投资 20 年，如果每年赚 10%，到期后金额是 67.28 万元；如果每年赚 20%，到期后金额是 383.38 万元。可见差额巨大。如果收益率很低，比如 3% 或 4%，那复利的效应要小得多。二是时间，时间越长越好。同样是 10 万元，按每年赚 24% 计算，如果投资 10 年，到期金额是 85.94 万元；如果投资 20 年，到期金额是 738.64 万元；如果投资 30 年，到期金额是 6 348.20 万元。可见，时间越长赚得越多。

了解了复利的神奇力量后，能带给我们哪些启示呢？

(1) 要进行投资。收益率太低会大大影响复利的效应，所以，保持比较高的收益率是关键。怎么办呢？要进行投资，唯有进行投资才可能有比较高的收益率。

(2) 要尽早投资。时间越长，复利的效应越大。我们要利用这种效应，就应该尽早地进行投资，而且越早越好。正确的做法是，如果有条件，从有了工资收入后，就应该有投资理财的计划。

(3) 要保持持续稳定的收益率。复利的原理告诉我们，保持不高不低的常年收益率，假以时日，就能够投资致富。多少收益率合适呢？通常来说，把目标设定为 20% 比较理想。根据市场行情，这个目标可做相应调整。个人投资者经过努力，这个目标是能够实现的。

(4) 要防止大的亏损。复利的收益只有连续计算才有神奇的效应。这期间，如果有一两年收益平平还不要紧，就怕严重亏损。如果出现严重亏损，不但前功尽弃，而且复利的效应戛然而止，一切都得从头开始。要想利用复利的原理致富，就要谨记，千万不能有大的亏损。

资料来源　苏闻．神奇的复利［N］．经济日报．2005-09-20.

（三）利率的种类

1. 名义利率和实际利率。名义利率是指借贷契约或有价证券载明的利率。实际利率是指名义利率减去通货膨胀率。实际利率通常有两种计算方法：一种是事后的实际利率，等于名义利率减实际的通货膨胀率；一种是事前的实际利率，即名义利率减去预期的通货膨胀率。

2. 长期利率与短期利率。这种划分方式的依据是信用行为的期限长短。长期利率是指期限在一年以上的利率；短期利率是指期限在一年以内的利率。利率高低与期限长短、风险大小有直接的联系，一般而言，期限越长，风险越大，利率越高；反之利率越低。

3. 年利率、月利率和日利率。这是根据计算利息的时间单位划分的。年利率是以年为时间单位计息，俗称“分”；月利率是以月为时间单位计息，俗称“厘”；日利率以日为时间单位计息，俗称“毫”。年利率、月利率和日利率之间的换算关系为：月利率乘 12 为年利率；日利率乘 30 为月利率。也可比照这种换算关系，将年利率换算为月利率，月利率换算为日利率。

4. 固定利率和浮动利率。其划分依据为借贷期内是否调整利率，固定利率是指在整个借贷期内，利率不随借贷资金供求变化而调整的利率，一般用于短期借贷；浮动利率是指在借贷期内随市场利率变化而定期调整的利率，一般由双方协商，一方在规定的时间依据某种市场利率进行调整，一般调整期为半年。浮动利率一般适用于长期贷款以及市场物价利率变动较为频繁的时期。

5. 市场利率和官定利率。其划分依据为利率是否按市场规律自由变动。市场利率是指由借贷资金的供求关系决定的利率，这种利率与供求关系成反比。官定利率是由政府金融管理部门或者中央银行确定的利率，是政府实现宏观调节目标的一种政策手段。我国目前以官定利率为主。

三、现值和终值

终值又称将来值，是现在一定量现金在未来某一时点上的价值，俗称本利和，通常记作 F。

现值又称本金，是指未来某一时点上的一定量现金折合到现在的价值，通常记作 P。

单利计息方式下，利息的计算公式为：

I=P n i

单利计息方式下，终值的计算公式为：

F=P (1+ n i)

单利现值与单利终值互为逆运算，其计算公式为：

P=F/ (1+ n i)

复利终值的计算公式为：

$F=P(1+i)^n$

式中，$(1+i)^n$ 简称“复利终值系数”，记作（F/P，i，n）。

复利现值与复利终值互为逆运算，其计算公式为：

$P=F(1+i)^{-n}$

式中，$(1+i)^{-n}$简称“复利现值系数”，记作（P/F，i，n）。

表3-3 列示了不同投资方案的现值比较。

表3-3　**现值计算方法的应用：不同投资方案现值比较**　单位：元

甲方案			乙方案		
年份	每年年初投资额	现值	年份	每年年初投资额	现值
1	5 000	5 000. 00	1	1 000	1 000. 00
2	500	454. 55	2	1 000	909. 09
3	500	413. 22	3	1 000	826. 45
4	500	375. 66	4	1 000	751. 31
5	500	341. 51	5	1 000	683. 01
6	500	310. 46	6	1 000	620. 92
7	500	282. 24	7	1 000	564. 47
8	500	256. 58	8	1 000	513. 16
9	500	233. 25	9	1 000	466. 51
10	500	212. 04	10	1 000	424. 10
合计	9 500	7 879. 51	合计	10 000	6 759. 02

第三节　现金规划的内容

一、现金规划的基本思路

具体预留多少现金，每个家庭都会不同，主要根据是：

1. 风险偏好程度。风险偏好低的家庭，可以预留较多现金；反之则应预留较少现金。

2. 持有现金的机会成本。有些家庭有较好的理财渠道，持有现金所放弃的机会成本较高，则可以少预留一些现金。

3. 现金收入来源及稳定性。家庭中工作人数较多，工作稳定性佳，有其他收益并较稳定，如房屋租金等，则可以少留现金。

4. 现金支出渠道及稳定性。如果家庭开支稳定，意外大项支出较少，也可以少留现金。

5. 非现金资产的流动性。如果一个家庭除了现金外，其余大多是房产或实业投资等变现周期长、变现价格不确定性高的、流动性差的资产，则需要多留一些现金。

我们可以通过进行现金流量分析来掌握现金收支的情况，这一般是通过编制现金流量表来实现的，该部分内容在第二章中已经进行了介绍。

我们有两种现金管理的备选策略：一种是建立较高的现金头寸，获得流动性，但牺牲一些收益；另一种是现金预留较少，如有需要，则通过变现其他类资产来获取现金。

无论采取何种策略，每个家庭都应至少预留够3～6个月使用的现金以应付日常生活开支。

二、现金财务比率衡量指标

一般而言，资产的流动性与收益性呈反方向变化。个人或家庭为了满足日常开支和预防突发事件，有必要持有足够的流动性较强的资产，但过强的流动性无疑会降低资产的收益能力。个人或家庭该留多少流动资产，我们可以通过一些财务指标更直观地进行衡量，其中最重要的是流动性比率。

流动性比率是个人或家庭的流动性资产与每月支出的比率，它反映个人或家庭支出能力的强弱。流动性资产是指在急用情况下能迅速变现而不会带来损失的资产，比如现金、活期存款、货币基金等。流动性比率的计算公式为：

$$流动性比率=\frac{流动性资产}{每月支出}$$

一般而言，流动性比率应保持在3～6为宜，即流动性资产可以满足3～6个月开支。如流动性比率过低，则意味着已出现财务危机的迹象，也就是常说的资金“断流”；流动性比率过高，则表明这个家庭中的闲置资金过多，不利于资金的保值增值，影响家庭理财收益的提高，也表明该家庭打理闲置资金能力的不足。

对于工作和收入比较稳定，相关福利和保险保障较为充分的个人或家庭而言，可以保持较低的流动性比率，将更多的流动性资产用于扩大投资、获取收益，反之则需保持较高的流动性比率。

三、根据收入来源进行规划

（一）受雇者（内勤上班族）

1. 收入特点：收入稳定且稳步增长，但额外收入较少，福利保障较为充分。

2. 理财策略：

（1）开源节流，严格控制现金流量。因其收入较为稳定，所以主要精力应放在控制支出方面，同时在可能的条件下通过兼职等途径来开源。

（2）不能超负荷购置资产和负债，以免落入债务陷阱，最终导致资不抵债乃至破产。

（3）持有现金不宜过多，充分利用定额定期方式积累投资资产，获取长期的稳定收益。

（二）自营+受雇（外勤创收族）

1. 收入特点：以佣金为主，受环境影响很大，收入波动大。

2. 理财策略：

（1）拟定不同收入状况下的收支和储蓄模式，增加防御能力。

（2）尤其应安排好紧急备用金。

（3）进行组合投资，在规避风险同时尽可能获取收益。

（4）理财规划时注意生涯规划顺序。

（三）一般自营者（小本开店族）

1. 收入特点：取决于经营状况，变动因素大。

2. 理财策略：

（1）科学选择投资项目，进行科学的财务规划。

（2）保持流畅的现金流，加快存货和应收账款的周转。

（四）专业自营者（医生律师等）

1. 收入特点：收入较高，但不一定稳定。

2. 理财策略：维持高收入的同时积极理财，居安思危。

（五）小型私营业主

1. 收入特点：取决于经营状况，经营风险大。

2. 理财策略：

（1）严格区分企业与个人资金，尽量做到不互相占用。

（2）充分利用财务杠杆作用，有效防范风险。

（3）保持流畅的现金流，加快存货和应收账款的周转。

（六）大型私营业主

1. 收入特点：收入丰厚。

2. 理财策略：

（1）由专业顾问进行理财规划。

（2）节税规划和遗产规划为重点规划内容。

（3）以信托方式理财。

（七）失业者

1. 收入特点：只有国家最基本生活保障。

2. 理财策略：

（1）制订合理的家庭消费计划，严格控制消费支出。

（2）以持有现金或者活期储蓄的方式为主增强资产流动性，以应付日常开支。

（3）尽可能安排好紧急备用金以备不时之需。

（4）提升人力资本，创造再就业机会。

四、对支出去向的规划

对储蓄的累积而言，降低生活支出比增加工作收入的效果大。比如对所得税边际税率为 20% 的人而言，增加 1 000 元的收入，税后只能增加 800 元，若支出不变，储蓄增加额则为 800 元。但若收入不变，支出减少 1 000 元，则储蓄就可以增加 1 000 元。可以下列方式降低生活支出：

1. 省吃俭用，少出外就餐，少买衣服，不买短期内用不着的东西。

2. 善用折扣，在打折时才购买，同样东西以较低价格取得。

3. 多用大众运输工具，如公交车、火车，可节省交通费。

4. 规定支出预算，大额消费或旅游应事先计划，按预算执行。

5. 使用公共资源，以逛公园、上图书馆的方式节省休闲支出。

现金的支出规划是满足生存、享乐、发展的需要。一般而言，可以结合上章的财务规划，将支出划分为可控的支出和不可控的支出。

应有收入＝基础收入＋购房贷款本息负担＋养老金储蓄＋教育金储蓄

基础收入＝期待水准的生活费用需求×家庭人数

养老金储蓄＝期待水准的生活费用需求×养老后生活年数

教育储蓄金＝（未成年子女数×期待水准的教育费用）÷离子女上大学的年数 ×12

五、建立紧急备用金

紧急备用金是用来保障家庭发生的预料外支出。在西方有比较健全的保险保障的前提下，一般建议一个家庭预留 3 ~6 个月的生活开销作为家庭备用金。但是目前由于国内很多家庭保险普遍不足，因此套用这个公式还是比较牵强的。但是仅仅考虑意外开销避免出现手头紧的话，预留6个月的生活开销作为家庭备用金基本上就可以了。

（一）紧急备用金必要性

1. 应付失业或失能（因为意外身心遭受伤害，导致无法工作，在保险术语上称之为失能）导致的工作中断。我们每个人都会碰到意外收入突然减少，甚至中断，若没有一笔紧急备用金可以动用，则会陷入财务困境。如因为失业或失能导致收入中断，则会面临生活费用，买车或买房的月供款，房租等债务压力。

2. 应付紧急医疗或意外灾害导致的超支费用。因为紧急医疗或者意外灾害而导致的超支费用，这时也需要一笔紧急预备金来应付这些突发状况。

3. 应付短期资金流动性需求。假如有突发事件发生，需要大量资金，而我们把资金都投入到收益较高的投资上去，而没有建立紧急准备金，就会导致我们不得不将投资变现，而将高收益投资变现将会付出巨大成本，并且大多投资还会损失掉大量的收益。因此，紧急备用金能够很好地防止这类损失的出现，保证自己在投资规划上的正常运作。

（二）如何建立紧急备用金

我们可以以两种方式来建立紧急备用金：一为流动性高的活期存款或短期定期存款；一为备用的贷款额度（如信用卡或典当）。其比较如下：

1. 在机会成本方面的比较。

以存款建立紧急备用金的机会成本是，因准备资金的流动性而可能无法达到长期投资的平均报酬率。以两者的报酬率差异5%计，这5%就是紧急备用金存款的机会成本。假设每个月固定支出为6 000元，准备5个月的支出为紧急备用金共30 000元，则一年5%的差异的机会成本为1 500元（30 000×5%）。若把所有的钱都拿去做长期投资，短期急用时抛售可能会有资本损失，因此以救急贷款来应付。若此时短期信用贷款的年利率为12%，额度亦为30 000元，则每月需付300元（30 000元×12%÷12）的利息。因此若运用期达5个月，借款利息也达到1 500元。以存款准备的机会成本是相对的，若当时投资环境不佳，持有现金才是上策，则机会成本可为0。若以贷款额度准备，一旦动用就要支付高利率的利息。当存款利率与短期信用贷款利率的差距越大时，以部分资金保留流动性，而以存款当紧急备用金的诱因就越大。因为紧急备用额度是支用才按日计息，因此利率虽高，但借用的日子不多，就可以用经常性收支余额还清，负担也不会太大。

2. 两者搭配的方式。

最好的方式是两者搭配，各作为紧急备用金的一部分。如月固定支出为5 000元，拟订的紧急备用金为6个月的固定支出30 000元，此时可以10 000元存为活期存款当做第一笔紧急备用金，另外再向银行设定紧急备用额度20 000元。可能有七成以上的机会，即使当月收入无法满足当月支出，10 000元的活期存款额度可以随时挪用应急，待有收支结余时再补回。可能有三成以下的机会，一时的大笔支出连10 000元的存款余额也不够应付，此时就要用预先设定的备用额度；虽然支付较高的利率，但预料时间不会太长，整体来说此种搭配较为稳健。

❀ **资料3-3**

现金规划实例

1. 家庭基本信息

丈夫：30岁，私营业主，年收入约20万元，无任何保险。

妻子：27岁，小学教师，月薪3 000元左右，有社保，公积金600元/月。

支出情况：家庭日常支出4 500元/月，子女教育费用1 500元/月，养车支出1 500元/月。

资产状况：现金1万元，银行活期存款50万元，五年定期存款10万元，股票15万，房产现市值75万元。轿车一辆15.2万元，无负债。

2. 财务分析

现金规划是为了保证家庭的资金在具有较强的流动性的同时，其余暂时不需要的资金能够得到充分的运用。在个人或家庭的理财规划中，现金规划既能够使所拥有的资产保持一定的流动性，满足个人或家庭支付日常家庭费用的需要，又能够使流动性较强的资产保持一定的收益，甚至能明确地体现家庭收入和支出情况，同时达到合理规划家庭支出与收入之间的平衡。该家庭活期存款过多，收益性不强。

3. 理财规划

(1) 家庭生活费用支出规划。家庭每月支出共计7 500元，家庭一年的消费支出现金共计9万元左右，这一部分资金可以采用组合存款的方式，满足家庭每个月的现金支出，并保证了较强的流动性。建议的存款组合为：

1万元现金+2万元活期存款+3万元3个月定期存款+3万元6个月定期存款

其中1万元现金、2万元活期存款，至少可以满足家庭3个月的消费支出，配合以3个月、6个月的定期存款，保证了家庭现金流的连续，使其银行存款合理的运转起来。

(2) 家庭紧急备用金规划。在满足了基本的家庭消费支出后，还需建立一个家庭紧急备用金账户。建议家庭紧急备用金预留3万元，采用货币市场基金形式，家庭在急需用资金的时候，可以通过赎回很快变现。同时单独设立妻子工资账户（每月3 000元），每年36 000元，作为家庭紧急备用金的补充。为了使应急备用金部分更为完善，可以办理一张银行信用卡，将每月的透支额度限定为5 000元。

(3) 丈夫作为家庭经济支柱应该获得保险保障，建议视具体情况购买相应险种。

(4) 将剩余的活期存款取出投入开放式基金，因为其可以随时赎回，在追求收益的同时能满足流动性需要。

第四节　其他规划对现金规划的影响

现金是理财的基础，现金规划是理财规划中的核心环节，其他的规划都会对现金规划产生一定的影响。了解其他规划对现金规划的影响，有利于现金规划的正确制定。

一、保险规划对现金规划的影响

购买保险要每月或每年缴纳一定的保费，会带来一定的现金支出，但在发生意外情况时所获得的保险赔款却有利于减轻财务危机的程度，如没有保险则需要动用很大一部分紧急备用金。表面看来两者所需的投入可以基本持平，只是投入时间有差异，但购买保险是一种预期支出，紧急备用金是一种波动性很大的意外支出。因此，购买保险可以通过保险理赔为现金规划节省很大一部分紧急备用金。

二、投资规划对现金规划的影响

不论投资的结果如何都会对现金规划带来影响。现金规划的本质是对流动性进行规划，避免因手头流动资金不足导致损失；而投资规划追求的是资金的增值，所以二者存在冲突。因此应该综合衡量风险和收益，择优选择。

三、税收筹划对现金规划的影响

税收筹划的成功与否会影响到现金的支出，如果税收筹划比较成功，则可以降低收入支出表中的税务支出部分，如果税收筹划不成功甚至失败的话，则不会降低支出甚至还会增加支出（当被罚款的时候就会增加额外支出）。

还有其他一些规划，如房产规划、教育规划以及养老规划，它们也与现金规划紧密相关。对于一定的收入如何在房屋贷款、教育基金以及养老基金之间进行分配，是需要慎重考虑的重要问题。

第四章 储蓄规划

第一节 储蓄规划的基本知识

一、储蓄的概念

广义上的储蓄概念指的是一个国家或地区在一定时期内国民收入中未被消费的部分。当前收入中不用于消费的部分，即收入减去消费，如存入银行的存款、购买的有价证券、保存在手中的货币等，都称为储蓄。储蓄是西方经济学中宏观分析理论的一个重要概念，也是凯恩斯收入与就业理论的前提条件之一。但是，储蓄也是一个不容易确定的概念，无论从它的来源还是用途方面看，均没有准确的数量限制。

狭义上的储蓄概念指的是居民个人在银行或者其他金融机构的存款。

任何种类的储蓄都有利息收入，这也是储蓄作为一种投资品种的根据。利息收入的大小主要是由存款类型、存款额、存期、利率等确定。储蓄的基本原则是存期越长，利息收入越多。存款利率一般由中央银行确定。不同时期利率水平是不一样的，国家有可能根据经济、金融形势进行相应的调整。

图 4-1 是 2006—2010 年城乡居民人民币储蓄存款余额。

图 4-1 2006—2010 年城乡居民人民币储蓄存款余额

资料来源 《中华人民共和国 2010 年国民经济和社会发展统计公报》.

❀ **资料 4-1**

储户的权益

1. 拥有取款自由权。
2. 拥有利息复核权。
3. 拥有存款保密权。
4. 拥有储蓄利率、种类的获知权。
5. 拥有储蓄机构违法行为举报权。

二、储蓄的特点

储蓄存款是家庭投资品种中最稳妥可靠的投资工具，具有以下特点：

（一）安全性高

储蓄是所有投资品种中最安全的，特别是存款机构是国有银行时，其基本上是以国家的信誉作担保，几乎没有违约风险。所谓违约风险，就是不能到期兑付的风险。

（二）变现性好

所有储蓄基本上都是可以立即变现的，包括定期存款。虽然定期存款提前支取会损失部分利息收入，但不影响其变现能力。所以我们可以把储蓄认同为流动资金，特别是活期存款，就与现金完全等同视之。

（三）操作简易

相对于其他投资工具，储蓄的操作非常容易。不管是开户、存取、销户，还是特殊的业务如挂失等，流程都比较简易。对个人来说，使用身份证即可办理。由于银行机构的网点比较多，存取业务非常方便，特别是利用 ATM 自助终端，更是随时随地都可办理业务。

（四）收益较低

相对其他投资品种，储蓄的收益可能是最低的。它唯一的收入就是利息，且需扣除利息税。这是由它的低风险因素决定的，符合投资第一基本原则，即收益和风险是正相关的。

三、储蓄规划的意义

作为最传统的投资理财方式，储蓄作为一项流动性高、收益固定的低风险投资，不但能缓冲财务危机，还能为实现未来的财务目标积累资金。

储蓄是所有理财手段的基础，也是一个人自立的基础。它来源于计划和节俭，是一个人自立能力、理财能力的最初体现，也是最基本的检验。连储蓄都做不到的人，除非收入达不到社会最低保障线，否则说明他缺乏自我控制的能力，不可能指望他在财富管理方面获得成功。

个人或家庭储蓄的原因主要包括为不测事件建立储备金、为自己的老年积累资金、为保证家属的生活，或为了其他某一具体目的等。个人或家庭储蓄也为商业资本投资提供了部分资金来源。影响个人或家庭储蓄水平的主要因素包括收入的多少、人们对未来收入的预料以及利息率的高低等。

具体来说，储蓄规划对于个人和家庭理财具有以下意义：

1. 资金链优势。与保险公司或券商比较，银行的资金链优势非常明显，因为客户总是把钱放在银行才安心。一般客户都有这样的想法："我不想告诉别人我有多少钱。"只有银行才更容易了解客户的资金状况，从而扮演"金管家"的角色来为客户打理资产。

2. 信誉好、安全性高。任何客户在求助理财顾问的时候，最关心的问题就是资金的安全性。一般民众认为："由于国家对银行的审批非常严格，成立一家银行是很不容易的，所以银行的信誉较其他金融机构更高，更有安全感。"比如"银证通"就比"银证转账"更受欢迎，因为客户一般认为银行不可能破产倒闭，但证券公司却有可能。

3. 网点众多，快捷便利。银行的网点数量众多，分理处、储蓄所、各级支行遍地开花，通存通兑也给银行客户提供了很大便利。从银行角度看，网点众多确实也是开展理财业务的优势之一。

4. 银行能够更专业、更客观、更中立地开展个人理财服务，更切合客户的实际需要。

在中国人的传统观念中，始终存在着比较强的生活预防动机。如果一个人加入了当月挣的钱全部花光的"月光族"，往往被评价为"不会过日子"。人们需要防备未来生活出现变数，比如失业、收入减少、子女上学、老人有病等，都需要有一定的积蓄和储备，才能在出现意外情况的时候，能够有所接济。虽然从时间价值上看，5 年以后 100 元的消费可能抵不上现在 90 元的消费，但是人们需要把钱暂时储蓄起来以备不时之需。这种为"天有不测风云"而进行的储蓄被称为谨慎储蓄。

当然，还有很多人存钱是为了购置耐用消费品，如攒钱买电脑、攒钱买车、攒钱买房等，这些都可以归结为目标储蓄。

四、储蓄规划的原则

（一）留足支付日常开支的现金

储蓄的基础是闲置的收入和货币，因此应该留足日常开支使用的现金，在不影响日常支付的情况下安排储蓄。

（二）建立理财目标

储蓄是一项长期的投资规划，因此应该事先建立储蓄理财目标。通过制定自己近年内的储蓄数额目标，确定平时的储蓄数额。

（三）储蓄优先原则

在每月领到薪金后，首先将钱存入银行，这有利于抑制消费欲望，从而有效地控制支出。

（四）连续性和长期性原则

储蓄贯穿着人的一生，只要日积月累，就一定能有一笔可观的积蓄。当然，理财就意味着善用钱财，要根据自己的理财规划，做到适度消费，乐于享受钱财，乐于享受生活，去赢得身心的健康，去获取人生的乐趣。

（五）利率比较原则

要根据自己储蓄的用途和目的，按照各种储蓄利率的不同，采取“长短结合、统筹兼顾”的方法，尽量增加利息收益。例如，购买收益较高的国债，为子女上学可存些利率较高、利息免税的教育储蓄。

第二节　储蓄规划工具

现在，理财投资的方式越来越多，但要老百姓把钱都放到高风险的领域，可能大多数人都不会认同。储蓄一直给我们安全感，既不像炒股那样每天担心“失败”，又有少量的利息回报，尽管微薄，倒也踏实。利息下调并不意味着老百姓就可以不必再储蓄，而且低息时期更要合理地进行储蓄组合，来锻炼理财能力，这就需要详细了解储蓄的种类情况。

一、我国的储蓄政策与原则

（一）储蓄政策

为了发展储蓄事业，保护储户的合法权益，国家对居民储蓄一贯实行鼓励和保护的政策。保护个人合法储蓄存款的所有权及其他合法权益，鼓励个人参加储蓄。

（二）储蓄原则

银行办理储蓄业务必须遵循“存款自愿，取款自由，存款有息，为储户保密”的原则。

1. 存款自愿，是指居民所持有的现金是个人财产，参加储蓄必须出于存款人的自愿，存与不存，什么时候存，存在哪家银行，存多少，存的时间长短，选择什么储蓄种类，都由储户自己决定，银行或储蓄单位不得以任何方式加以干涉。

2. 取款自由，是指储户提取存款时，银行必须照章付款，储户可根据需要取出部分或全部存款，银行不得以任何理由拒绝、为难或限制，更不应加以查问或干预。

3. 存款有息，是指银行按储户存款的期限长短和储蓄种类要支付相应的利息。银行必须按中央银行规定的存款利率计付利息，不能随意降低或提高利率，储户有取得利息的权利。

4. 为储户保密，是指储户的户名账号、存款金额、期限、地址等均属个人隐私，任何单位和个人没有合法手续都不能查询储户的存款，银行必须为储户保密。如果因经济纠纷或案件涉及个人存款需要查询，有关单位和个人必须依照法律程序进行。

二、储蓄种类

储蓄存款一般可按期限分为活期和定期两种，其中又可以细分为具体的储蓄品种，如图 4-2 所示。

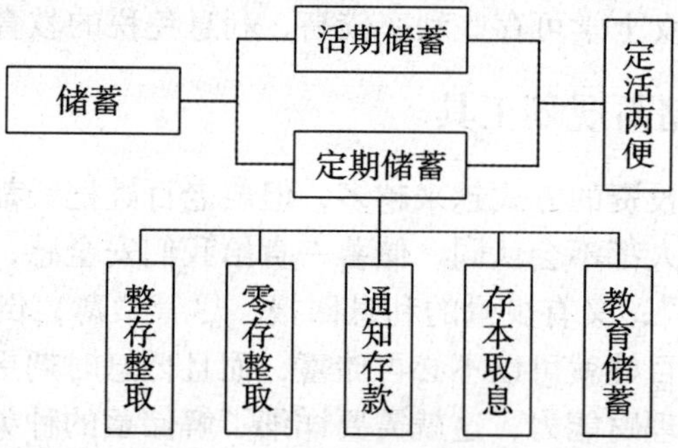

图 4-2　常见的储蓄种类

（一）活期储蓄

活期储蓄是指不规定存期，储户可随时凭存折（卡）存取，存取金额不限的一种储蓄方式。活期储蓄以 1 元为起存点，多存不限。开户时由银行发给存折，凭折存取，每年结算一次利息。

活期储蓄存款是居民储蓄存款中最基本和最重要的一种形式，适应于居民小额的随存随取的生活零用结余存款，灵活方便，适应性强。参加这种储蓄大体有以下几种情况：①暂不用作消费支出的货币收入。②预备用于购买大件耐用消费品的积攒性资金。③个体经营户的营运周转货币资金，在银行为其开户、转账等问题解决之前，以活期储蓄的方式存入银行。

（二）整存整取定期储蓄

整存整取定期储蓄指开户时约定存期，整笔存入，到期一次整笔支取本息的一种个人存款。其特点是金额较大，存期较长，收益较高，存款稳定性较强。我国规定此类储蓄人民币 50 元起存，外汇整存整取存款起存金额为等值人民币 100 元的外汇。该储种只能进行一次部分提前支取。提前支取时必须提供身份证件，代他人支取的不仅要提供存款人的身份证件，还要提供代取人的身份证件。计息按存入时的约定利率计算，利随本清。整存整取存款可以在到期日自动转存，也可根据客户意愿，到期办理约定转存。人民币存期分为三个月、六个月、一年、两年、三年、五年六个档次。外币存期分为一个月、三个月、六个月、一年、两年五个档次。

整存整取定期储蓄适用于生活节余较长时间不需动用的款项。在高利率时期，存期要“中”，即将五年期的存款分解为一年期、二年期、三年期，然后滚动存储，如此可因利生利而收益效果更好。

（三）零存整取定期储蓄

零存整取定期储蓄指开户时约定存期、分次每月固定存款金额、到期一次支取本息的一种个人存款。开户手续与活期储蓄相同，只是每月要按开户时约定的金额进行续存。储户提前支取时的手续比照整存整取定期储蓄存款有关手续办理。一般五元起存，每月存入一次，中途如有漏存，应在次月补齐。计息按实存金额和实际存期计算。存期分为一年、三年、五年。利息按存款开户日挂牌零存整取利率计算，到期未支取部分或提前支取按支取日挂牌的活期利率计算利息。该储种利率低于整存整取定期储蓄（打六折），但高于活期储蓄，可使储户获得稍高的存款利息收入。可集零成整，具有计划性、约束性、积累性的功能，适合收入稳定，攒钱以备结婚、上学等用途的个人和家庭，以达到计划开支的目的。

零存整取的计息公式是：

利息＝月存款金额×累计月积数×月利率

（四）整存零取定期储蓄

整存零取定期储蓄指在存款开户时约定存款期限、本金一次存入、期限固定、分次支取本金的一种个人存款。存款开户的手续与活期相同，存入时一千元起存，支取分一个月、三个月及半年一次。利息按存款开户日挂牌整存零取利率计算，于期满结清时支取。到期未支取部分或提前支取按支取日挂牌的活期利率计算利息。存期分一年、三年、五年。

（五）存本取息定期储蓄

存本取息定期储蓄指在存款开户时约定存期、整笔一次存入，按固定期限分次支取利息，到期一次支取本金的一种个人存款。一般是五千元起存。可一个月或几个月取息一次，可以在开户时约定的支取限额内多次支取任意金额。利息按存款开户日挂牌存本取息利率计算，到期未支取部分或提前支取按支取日挂牌的活期利率计算利息。存期分一年、三年、五年。其开户和支取手续与活期储蓄相同，提前支取时与定期整存整取的手续相同。该储种适合持较大数额现金的储蓄投资者。

（六）定活两便储蓄

定活两便储蓄指在存款开户时不必约定存期，银行根据客户存款的实际存期按规定计息，可随时支取的一种个人存款种类。一般五十元起存，存期不足三个月的，利息按支取日挂牌活期利率计算；存期三个月以上（含三个月）不满半年的，利息按支取日挂牌定期整存整取三个月存款利率打六折计算；存期半年以上（含半年）不满一年的，整个存期按支取日定期整存整取半年期存款利率打六折计息；存期一年以上（含一年），无论存期多长，整个存期一律按支取日定期整存整取一年期存款利率打六折计息，各档次均不分段计息。该储种的特点是方便灵活，收益较高；手续简便，利率合理。存款期限不受限制，适合存款期限不确定的储户。其操作要点主要是掌握支取日，确保存期大于或等于三个月，以免利息损失。

（七）个人通知储蓄

个人通知储蓄是指在存入款项时不约定存期，支取时事先通知银行，约定支取存款日期和金额的一种个人存款方式。最低起存金额为人民币五万元（含），外币等值五千美元（含）。为了方便，可在存入款项开户时即提前通知取款日期或约定转存存款日期和金额。个人通知存款需一次性存入，可以一次或分次支取，但分次支取后账户余额不能低于最低起存金额，当低于最低起存金额时银行给予清户，转为活期存款。个人通知存款按存款人选择的提前通知的期限长短划分为一天通知存款和七天通知存款两个品种。其中，一天通知存款需要提前一天向银行发出支取通知，并且存期最少需两天；七天通知存款需要提前七天向银行发出支取通知，并且存期最少需七天。该储种适合于手上持有现金，一时又无法确定存期的储户，具有集活期之便、得定期之利的特点。例如，个体户的进货资金、炒股时持币观望的资金或是节假日股市休市时的闲置资金，可尽量将存款定为7天的档次。

表4-1列示了我国储蓄存款利率。需指出的是，该表列示的是中国人民银行规定的基准储蓄存款利率，中国人民银行允许各商业银行在其基础上在一定幅度内进行浮动。当前，多数商业银行执行的是上浮利率，最高的在基准利率基础上上浮10%。

表4-1　　我国储蓄存款利率表（2012年7月6日起执行）

一、城乡居民和单位存款	
（一）活期存款	0.35
（二）整存整取定期存款	
三个月	2.60
半年	2.80
一年	3.00
二年	3.75
三年	4.25
五年	4.75

❀ **资料4-2**

巧用通知存款

知道如何利用通知存款的人并不多，但如果用得好的话，它确实能给你带来一些“外财”。

通知存款是一种介于定期与活期存款之间的储种，它的起存金额为5万元，分为1天通知存款和7天通知存款两个品种。

虽然利用通知存款能获得收入，但也有些人认为，为了多得那么点利息要去银行办理转存、提前通知、支取等繁琐手续，显然不值得，不如存活期方便。

实际上，现在很多银行对通知存款进行了改变，并且进行复利计算，分别以2天和7天计一次复利，使得存通知存款的收益更高、更为方便、更加实惠。

以100万元为例，如果存活期，3个月的税前利息收益为1 800元，如果存7天通知存款，即使不考虑复利因素，也会获得4 050元的税前收益。

那么，客户该如何办理呢？

目前，很多开设网上银行的金融机构推出了“自助转存通知存款”业务，自己通过网上银行便可以轻松“搞定”。

此外，还有的银行开通了“约定自动转存定期”、“约定自动转存通知存款”等服务功能。在与银行签订相关协议开通此项功能后，如果客户银行卡上的资金达到5万元以上，银行自动将这笔资金转为通知存款，并向客户发送转存通知书。需要支取的时候，客户提前发一个支取指令，便可以在规定的时间内支取。此项业务省了去银行存款的手续，而取款还是和通知存款一样。

该产品适合于大额不确定时间支用资金的短期存放，比如我们筹齐了买房、买车、买收藏品的资金，但还需要等些日子才使用，在这种情况下，就可以选择通知存款方式，这样既能随取随用，又能获得较高的收益。

资料来源　张春兵．知道巧用通知存款能给你带来外财［N］．上海金融报．2007-01-22.

（八）外币储蓄

外币储蓄是相对人民币而言的笼统说法，它也分活期、七天通知、一个月、三个月、六个月、一年和二年七种不同档次的储蓄方式。目前，我国银行开办的外币储蓄品种有：美元、日元、加拿大元、英镑、瑞士法郎、新加坡元、欧元、港币等。外币储蓄实行与人民币不同的利率，详见表4-2。

表4-2　**外币存款利率表**　单位：年利率,%

货币	活期	七天通知	一个月	三个月	六个月	一年	二年
美元	0.0500	0.0500	0.2000	0.3000	0.5000	0.7500	0.7500
英镑	0.1250	0.1750	0.2500	0.3500	0.6000	0.7500	0.7500
欧元	0.0100	0.0100	0.0500	0.1000	0.5000	0.7000	0.7000
日元	0.0001	0.0005	0.0100	0.0100	0.0100	0.0100	0.0100
港币	0.0100	0.0100	0.1000	0.2500	0.5000	0.7000	0.7000
加拿大元	0.0100	0.0500	0.0500	0.0500	0.3000	0.4000	0.4000
瑞士法郎	0.0001	0.0005	0.0100	0.0100	0.0100	0.0100	0.0100
澳大利亚元	0.2375	0.2625	1.2400	1.3875	1.5075	1.5750	1.5750
新加坡元	0.0001	0.0005	0.0100	0.0100	0.0100	0.0100	0.0100

注：本表为中国银行外汇存款利率表，自2012年8月27日起执行。

（九）教育储蓄

教育储蓄是指个人按国家有关规定在指定银行开户、存入规定数额资金、用于教育目的的专项储蓄，是一种专门为学生支付非义务教育所需教育金的专项储蓄。教育储蓄采用实名制，开户对象为在校小学四年级（含四年级）以上学生。开户时，储户要持本人（学生）户口簿或身份证，到银行以储户本人（学生）的姓名开立存款账户。到期支取时，储户需凭存折及有关证明一次支取本息。

教育储蓄具有储户特定，存期灵活，总额控制，利率优惠，利息免税的特点，能积零成整，满足中、低收入家庭每月固定小额存储，积蓄资金，解决子女非义务教育支出的需要。

1. 储户特定。教育储蓄的对象（储户）为在校小学四年级（含四年级）以上学生。

2. 存期灵活。教育储蓄为零存整取定期储蓄存款。存期分为一年、三年和六年。

3. 总额控制。教育储蓄起存金额为 50 元，本金合计最高限额为 2 万元。

4. 利率优惠。一年期、三年期教育储蓄按开户日同期同档次整存整取定期储蓄存款利率计息；六年期按开户日五年期整存整取定期储蓄存款利率计息，在存期内遇利率调整，仍按开户日利率计息。

5. 利息免税。储户凭存折和学校提供的正在接受非义务教育的学生身份证明前来支取教育储蓄时，免征储蓄存款利息所得税。具体而言可享受 3 次税收优惠：学生在就读全日制高中（中专）、大学本科（大专）、硕士和博士研究生时，每个学习阶段可分别享受一次 2 万元教育储蓄的免税优惠，每一阶段教育储蓄本金合计不得超过 2 万元，本金合计超过 2 万元或一次性趸存本金的，一律不得享受教育储蓄免税的优惠政策。

第三节　储蓄规划策略

一、个人储蓄的动机

储蓄是货币的一种特殊使用形式，它体现了储户同银行之间一种相互合作的信用关系。由于人们经济收入及消费结构各不相同，安排在即期、近期、远期的消费以及节余能力也因人而异，银行设置的储种，正是为了满足适应长期性结余资金、短期待用资金和各种特定用途资金的存储需要。那么，在现实生活中个人如何去选择储蓄种类呢？这要看个人储蓄的动机而定。

（一）积累动机

对一个普通家庭而言，其收入是固定的，固定的收入只能购买正常必需的消费资料，如想购买汽车等高档消费品或筹集住房、子女升学及嫁娶等费用，往往需要通过长时间的积累才能实现。出于这种动机的考虑，人们参储时一般以零整储蓄为主，聚零为整，逐步积累。

（二）增值动机

有些家庭闲钱较多，不想购置东西，也没有特定的用途，短期内派不上用场。这种情况下，人们参储带有储存财富的性质，因此，人们往往选择一些期限较长、利息较高的定期储蓄种类，或者购买一些债券和股票，以使闲置的货币得以增值。

（三）谨慎动机

人们担心现金尤其是金额较大的现金放在家中或随身携带很不安全，容易遗失或发生意外，为了防止不测或防灾、防荒，人们在储蓄时选择定期储蓄，必要时选择定期中不能提前支取的储种，而且可以预留印鉴、地址或密码。

实际上，人们参储的动机往往是复合型的，储户应据其主要目的和动机选择合适的储种。

❊ **资料4-3**

小额资金巧理财

目前，银行绝大多数的人民币理财产品起点都在5万元以上，证券公司、信托公司的理财计划起点更高。手中闲置资金不足5万元的市民，难道就只能站在这道理财的门槛之外吗？

其实不然。某银行理财经理称，存款不足5万元，也能通过调整定活期存款的结构，充分利用银行的智能账户，获得不小的理财收益。

一是化整为零。

对已有的定期存款，可以化整为零。例如，一笔3万元的1年定期存款，可以分成三笔：1万元1年定期，1万元2年定期和1万元3年定期。1年后，即有1万元存款到期，如需用钱就可支取，如暂无需要，就续存3年定期。第2年，2年定期的1万元到期，如不用就续存2年定期……依此类推，储户每年将有1万元的定期存款到期，这既能保证资金的流动性，又能获得更多的利息收益。

二是转活为定。

对活期存款，则要充分利用银行智能账户，“转活为定”。例如，存1万元的普通活期，活期年利率为0.35%，3个月后利息收入为：

10 000×0.35%÷12×3=8.75（元）

如选择银行智能账户，系统则会约定比例，只在活期账户中留存较少金额，假定为500元，将其余的9 500元自动转存为3个月的定期，3个月定期年利率为2.60%，3个月后，这1万元的综合收益为：

500×0.35%÷12×3+9 500×2.60%÷12×3=62.19（元）

理财收益=62.19−8.75=53.44（元）

对每月新增的收入，则要“量入而存”，建议将收入的30%存入银行，这样既有利于抑制消费欲，又能有效地控制支出。

资料来源　http：//www.cnhubei.com/200603/ca1027723.htm.

二、储蓄计息的基本规定

（一）利率

储蓄存款利率由国家统一规定，由中国人民银行挂牌公告。利率也称为利息率，是在一定日期内利息与本金的比率，一般分为年利率、月利率、日利率三种。年利率以百分比表示，月利率以千分比表示，日利率以万分比表示。例如，年息九厘写为9%，即每百元存款定期一年利息9元；月息六厘写为6‰，即每千元存款一月利息6元；日息一厘五毫写为1.5‱，即每万元存款每日利息1元5角。目前，我国储蓄存款用月利率挂牌。为了计息方便，3种利率之间可以换算，其换算公式为：

年利率÷12=月利率

月利率÷30=日利率

年利率÷360=日利率

（二）计息起点

储蓄存款利息计算时，本金以“元”为起息点，元以下的角、分不计息，利息的金额算至分位，分位以下四舍五入。分段计息算至厘位，合计利息后分以下四舍五入。

（三）不计复息

各种储蓄存款除活期（存折）年度结息可将利息转入本金生息外，其他各种储蓄存款不论存期如何，一律于支取时利随本清，不计复息。

（四）存期计算规定

1. 算头不算尾，计算利息时，存款天数一律算头不算尾，即从存入日起算至取款前一天止；

2. 不论闰年、平年，不分月大、月小，全年按 360 天、每月按 30 天计算；

3. 对年、对月、对日计算，各种定期存款的到期日均以对年、对月、对日为准，即自存入日至次年同月同日为对年，存入日至下月同一日为对月；

4. 定期储蓄到期日，如遇例行假期不办公，可以提前一日支取，视同到期计算利息，手续同提前支取办理。

（五）存款利息的计算方法

利率一般分为年利率、月利率和日利率三种。年利率以百分数（%）表示；月利率以千分数（‰）表示；日利率以万分数（‱）表示。各种储蓄的利息，都可以通过公式算出来。

1. 一般储蓄：

利息=本金×存期×利率

2. 零存整取储蓄：

利息=月存金额×（存入的次数+1）/2×存入次数×利率（同档次定期利率×60%）

3. 整存零取储蓄：

利息=（全部本金+每次支取金额）/2×支取本金次数×每次支取间隔期×利率（同档次定期利率×60%）

4. 定活两便储蓄：

利息=本金×存期×利率（同档次定期利率×60%）

三、储蓄规划的基本思路

（一）规划好时间

尽量不提前支取，以避免提前支取利息的损失。由于特殊原因需提前支取，则支取部分按活期计息，有什么好办法减少损失呢？请参考以下办法：一是只取需用部分的金额。例如，如果您急需 5 000 元，现手上有 10 000元的定期存单，则从其中只取 5 000 元即可，不要全部取完，因为剩余的 5 000 元还是按原利率计息。二是办理存单抵押贷款。对已存时间比较长的存单，可采用以此存单为抵押申请贷款来解决急用资金问题。

（二）采用合理的存款组合

1. 考虑存款组合的总原则是兼顾收益和保证日常生活需要。定期存款利率高、收益好，而活期存款取款方便，所以一般来说应以定期存款为主，通知存款为辅，少量使用活期存款和定活两便存款。

2. 定期存款的重要技巧。一时难以确定存期的大额资金应选择通知存款以兼顾收益和灵活性；较大额的存款宜开多张存单，可把提前支取的利息损失减少到最低限度；多采用到期自动续存的方式，既防止利息损失，又省却了跑银行转存的麻烦；大笔的长期闲置资金应该考虑大额定期存单和大额可转让定期存单。

3. 手比较“散”的人多重视零存整取，这样可以逐渐半强制性地为自己积累一些资金。

4. 定活两便与活期储蓄应以小额、少量为宜，毕竟日常生活开支每月相差不多，一般是可以匡算的。

（三）利用优惠政策

要充分利用国家和银行的优惠政策，如某些储蓄品种和储蓄账户免征利息税，某些银行推出特定时段储蓄的优惠政策等。

（四）增加储蓄本金，开源节流

提高家庭储蓄的可能方式包括增加家庭工作收入、增加家庭理财收入、降低家庭生活支出、降低家庭理财支出，另外还要注意防范理财风险，如借钱给别人要求借据、不随便提供金融担保、不参与民间借贷活动、不参与社会非法集资、谨慎从事高风险投资。

（五）根据收入来源区分储蓄

领取现金的薪资收入者，应该先把储蓄分离出来，以信贷消费预算法控制各项支出。

通过银行转账领取薪资收入者，薪资入账时即应该强迫储蓄，剩余金额以自动提款机平均提取的方式控制支出。

自营事业有现金收入者，先区分真正赚取的收入，若营业情况稳定可以日营业额的比例做消费支出预算。

（六）选择适当的储蓄币种

由于各国经常处于不同的经济周期，同一时期利率差别很大，如果有条件可以试试外币储蓄，以获得更高的收益。例如，人民币一年期利率为3.25%，而美元是1.00%时，相差较大，如果现在手中持有美元，就应当兑换成人民币去存储，而不要直接储蓄。

在考虑外币存款的时候，最重要的是要选择和人民币兑换率较稳定的币种，如美元、英镑、港币等，而避免日元，尤其要避开那些可能贬值的货币。毕竟储蓄最重要的功能是保值，千万不要捡了芝麻丢了西瓜。

（七）根据不同的宏观经济周期选择储蓄品种

要获取尽量多的利息收入，就要正确地估计宏观经济形势来选择储蓄品种，以下是一些判断原则：

1. 在国家经济形势好转，经济增长率稳步上升时，利率政策一般比较宽松，同时物价并不高。这时选择中短期储蓄是比较好的，由于利率可能进一步提高，所以不要存存期太长的定期存款。

2. 经济逐步加速到一个较高的水平，通货膨胀率上升，国家一再提高利率。这时可以利用很高的利率水平，存入利息不变的长期定期存款，以获取长期的较高的利息收益。

3. 经济增长速度和通货膨胀率逐步降低，利率慢慢回落。这时应避免短期的存款，而应选择长期的存款。因为利率处于下降趋势中，短期存款会受到不断下降的利率的侵害，利息收益不高。

4. 经济增长和物价水平已经处于低谷，利率也到了较低水平，这时应选择短期存款。

❀ **资料 4–4**

“负利率”时代，如何储蓄投资

第一，储蓄到期日宜选择在国债、债券的发行期，存款宜选择 3 年以下的储蓄品种，这样可随时把储蓄转向收益更高的债券或投资。

第二，活期储蓄在余额累计较大时，可到储蓄所销户结息，以免因利率降低而造成利息损失。

另外，选择银行储蓄投资还要尽量减少存款本金的损失。减少本金损失的措施有：

不要轻易将已存入银行一段时间的定期存款取出。

若存入定期存款一段时间后，遇到比定期存款收益更高的投资机会，储户可将两者之间的实际收益作一番计算比较，从中选取总体收益较高的投资方式。

对于已到期的定期存款，应根据利率水平及利率走势、存款的利息收益率与其他投资方式进行综合比较，结合个人的实际情况进行重新选择。

在利率水平较高、利率水平可能下调的情况下，继续转存定期储蓄是较为理想的。

在市场利率水平较低或利率有可能调高的情况下，对于已到期的存款，可选择其他收益率较高的方式进行投资或选择期限较短的储蓄品种继续转存，以等待更好的投资机会，等存款利率上调后，再将到期的短期定期存款改存期限较长的储蓄品种。

四、储蓄规划方法

（一）目标储蓄法

如果想购买一件高档商品或操办某项大事，应根据家庭经济收入的实际情况建立切实可行的储蓄指标并制定攒钱措施。

（二）计划储蓄法

每个月领取薪水后，可以留出当月必需的生活费用和开支，将余下的钱按用途区分，选择适当的储蓄品种存入银行，这样可减少许多随意性的支出。

（三）节约储蓄法

注意节约，减少不必要的开支，杜绝随意消费和有害消费，用节约下来的钱进行储蓄。

（四）增收储蓄法

在日常生活中，如遇上增薪、获奖、稿酬、亲友馈赠和其他临时性收入时，可权当没有这些收入，将这些增收的钱及时存进银行。

（五）折旧储蓄法

为了家用电器等耐用消费品的更新换代，可为这些物品存一笔折旧费。在银行设立一个“定期一本通”存款账户，当家庭需添置价值较高的耐用品时，可以根据物品的大致使用年限，将费用平摊到每个月。这样，当这些物品需要更换时，账户内的折旧基金便能派上用场。

（六）缓买储蓄法

家庭准备添置高档耐用消费品或其他珍贵物品时，由于其并非迫切需要或实用价值不高，可缓一两个月再买，先将这笔钱暂时存入银行。待消费高峰期过后，此类商品价格必然会回落，那时就可以相对便宜地购买到该商品。

（七）降档储蓄法

在准备购进一件贵重物品时，可以购买档次稍低一些的商品，把省下来的钱存入银行。

（八）滚动储蓄法

每月将结余的钱存入一张 1 年期整存整取定期储蓄账户，存储的数额可根据家庭的经济收入而定，存满 1 年为一个周期。1 年后第一张存单到期，可取出储蓄本息，凑成整数后进行下一轮的储蓄。如此循环往复，手头始终是12张存单，每月都可有一定数额的资金收益，储蓄数额滚动增加，家庭积蓄也随之丰裕。滚动储蓄可选择1年期的，也可选择3年期或5年期的定期储蓄。这种储蓄方法较为灵活，每月存储额可视家庭经济收入而定，无需固定。一旦急需钱用，只要支取到期或近期所存的储蓄就可以了，可以减少利息损失。另外，每张存单最好都设定到期自动续存，这样就可以免去多跑银行之苦了。

（九）四分储蓄法

四分储蓄法，又叫“金字塔”法，如果你持有10 000元，可以分别存成4张定期存单，存单的金额呈金字塔状，以适应急需时不同的数额。可以将10 000元分别存成1 000元、2 000元、3 000元、4 000元4张1年期定期存单。这样可以在急需用钱时，根据实际需用金额支取相应额度的存单，可避免只需取小数额钱却不得不动用大存单的弊端，以减少不必要的利息损失。

（十）阶梯储蓄法

假如你持有3万元，可分别用1万元开设1、2、3年期的定期储蓄存单各1份。1年后，你可用到期的1万元再开设1张3年期的存单。以此类推，3年后你持有的存单则全部为3年期的，只是到期的年限不同，依次相差1年。这种储蓄方式可使年度储蓄到期额保持等量平衡，既能应对储蓄利率的调整，又可获取3年期存款的较高利息。这是一种中长期投资，适宜于工薪家庭为子女积累教育基金与婚嫁资金等。

（十一）组合储蓄法

组合储蓄法又称为利滚利储蓄法，是一种存本取息与零存整取相组合的储蓄方法。如果你现有5万元，可以先存入存本取息储蓄账户，在一个月后，取出存本取息储蓄的第一个月利息，再开设一个零存整取储蓄账户，然后将每月的利息存入零存整取储蓄账户。这样不仅可以得到存本取息储蓄利息，而且其利息在存入零存整取储蓄后又获得了利息。

（十二）通知储蓄法

通知储蓄法很适合手头有大笔资金准备用于近期（3个月以内）开支。假如手中有20万元现金，拟于近期首付住房贷款，但是又不想把20万简简单单存活期损失利息，这时就可以存7天通知储蓄。这样既保证了用款时的需要，又可享受相对较高的利率。举例来说，20万元如果存7天期的通知储蓄，持有3个月后，以2.60%的利率计算，利息收益为1 300元，比活期储蓄法利息175元收益高出1 125元，通知储蓄的收益则要比活期储蓄高近6.5倍。

需提醒的是，如果投资者参加的是7天通知储蓄，若投资者在向银行发出支取通知后，未满7天即前往支取，则支取金额的利息按照活期存款利率计算。此外，办理通知手续后逾期支取的，支取部分也要按活期存款利率计息；支取金额不足或超过约定金额的，不足或超过部分按活期存款利率计息；支取金额不足最低支取金额的，按活期存款利率计息；办理通知手续而不支取或在通知期限内取消通知的，通知期限内不计息。这里，关键是存款的支取时间、方式和金额都要与事先的约定一致，才能保证预期利息不会遭到损失。

❈ **资料4-5**

如何进行储蓄管理？怎样进行养老金储蓄和教育金储蓄？

1. 储蓄是所有理财规划的源头，要想进行储蓄管理，首先要了解的一个概念就是资金时间价值。资金时间价值是指资金在周转过程中由于时间因素形成的差额，换句话说就是对未来现金流的贴现。进行储蓄管理时，要发挥资金时间价值，需注意以下几点问题：

（1）在设定财务目标时，要将财务目标量化，赋予具体的金额，并为财务目标设定具体日期，并保持长短期目标的一致性。

（2）准确地估计未来现金流，并且选择适当的贴现率。

（3）如何进行合理储蓄？这里引入一个概念，边际储蓄率，即每多出1元钱的额外收入应多储蓄的比率（当月收入低于家庭最低消费时，值为0）。

当月收入=（当月收入-基本收入）×边际储蓄率

基本收入=收入淡季时最低收入或维持基本生活的最低消费

这样的储蓄规划既符合创收族多赚多花、少赚少花的生活哲学，又能兼顾基本需求及长期理财目标。

2. 如何进行养老金储蓄和教育金储蓄呢？看以下公式：

基础收入=期待水准的生活费用×家庭人口数

养老金储蓄=（期待水准生活费用×2×养老后生活年数）÷离养老的年数

$$\text{教育基金储蓄}=\left(\frac{\text{未成年}}{\text{子女数}}\times\frac{\text{期待水准的}}{\text{教育费用}}\right)\div\left(\frac{\text{离子女上}}{\text{大学的年数}}\times 12\right)$$

应有收入=基础收入+购房贷款本息负担+养老金储蓄+教育金储蓄

个人可以根据公式进行合理的规划，这里举个例子来看。40岁的老王有三方面的因素要考虑：（1）积攒盖新房款的同时，达到自己想要的生活水平；(2) 10 年后两个子女上大学；(3) 20 年后的养老金。

那么要实现这样的理财目标，老王应该有多少的应有收入呢？

$$\text{应有收入}=\text{四口之家的年生活费}(1\ 600\times4)+\text{每年积攒盖房款}(10\ 000)+\text{积攒养老金}(1\ 600\times40\div20)+\text{教育基金储蓄}(8\ 000\times2\div12)$$

$$=15\ 300\text{（元）}$$

所以通过以上计算，如果老王家庭年可支配收入没有 24 400 元以上的话，就无法实现财务目标。因此在量化了财务目标之后，我们就能很清楚地看到收支间的差距，通过调整收支、缩小差距，最终实现自己的财务目标。

第五章　金融投资规划

第一节　金融投资规划的基本知识

一、投资的概念

投资是指个人或家庭寄希望于不确定的未来收益，将货币或其他形式的资产投入经济活动的一种行为，即为未来收入货币而奉献当前的货币。投资的最大特点就是牺牲确定的现值来换取不确定的（有风险的）未来收益，因此，进行投资规划就要熟悉各种投资工具的特性和投资的基本理论。

根据投资的对象可以分为实物投资和金融投资两大类。实物投资一般包括对有形财产，如土地、机器设备、厂房等的投资，也可称为直接投资；金融投资则包括对各种金融资产，如股票、债券、基金等的投资，有时也称为间接投资。在本章中，我们主要讨论金融性资产的投资规划。

二、投资规划的概念

投资规划是根据个人或家庭的投资理财目标和风险承受能力，为其设计合理的资产配置方案，构建投资组合来实现理财目标的过程。

首先，必须首先确立投资目标，围绕着这一目标来安排投资的具体操作计划。

其次，投资组合的构建受制于投资者自身的主观和客观两个条件。客观条件是投资者可投入的财务资源的数量，主观条件是投资者的风险承受能力，只有在充分考虑这两个条件的基础上才能做出有针对性的投资计划。

三、金融投资规划流程

一般来说，投资规划流程主要包括确定投资政策、进行投资品种分析、构建投资组合、调整投资组合、评估投资组合绩效五个步骤，如图5-1所示。

（一）确定投资政策

投资政策是投资者为了实现投资目标所应遵循的基本方针和基本准则，它包括确定投资收益目标、投资资金的规模和投资对象等方面的内容

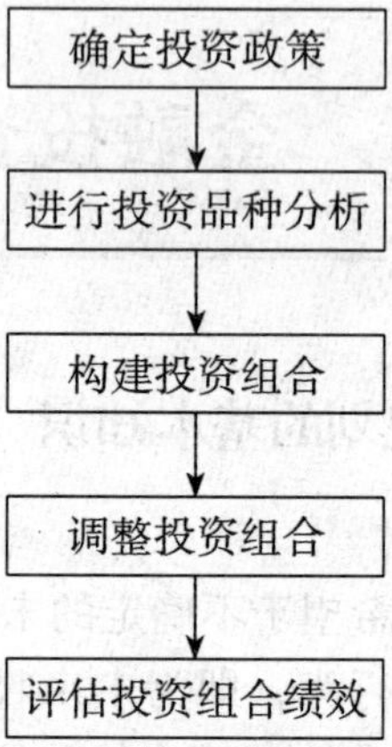

图 5–1　投资规划流程

以及应采取的投资策略和措施等。确定投资政策是投资过程中非常关键的一步。

1. 确定投资目标

确定投资目标前，应积极获取投资相关信息帮助设定目标，确定的目标应切合实际、明确、可以衡量。一般可以用资金量或收益率作为指标，如到 2014 年 12 月 31 日股票市值要达到 10 万元（或收益率达到 50%）。

2. 风险承受能力分析

由于风险与收益总是紧密相随，不存在无风险的投资，获得收益总是以承担相应的风险为代价。投资者因承担风险而获得补偿，不同的投资者对风险态度不同，因而根据投资者对风险的态度，可以把投资者分为风险回避型、风险中立型、风险偏好型。投资者必须首先了解自己的风险容忍度，然后才能制定合理的投资政策。风险容忍度可以定义为预期收益增加一单位投资者愿意接受的最大风险。在了解了自身的风险承受能力之后，投资者便可以按照自身的偏好来制定合理的投资政策。

以下问题可以帮助建立有效的投资目标：

（1）你的资金的用途是什么？

（2）你需要多少钱才能达到投资目标？

（3）你如何得到这些钱？

（4）你需要多长时间积累这些钱？

（5）你愿意为投资计划承担多少风险？

（6）什么经济或个人状况会改变你的投资目标？

(7) 考虑到你的经济状况，你的投资目标合理吗？

(8) 你愿意为达到理财目标而做出牺牲吗？

(9) 如果没有达到理财目标，后果将是什么？

(二) 进行投资品种分析

在确定投资政策之后，投资者就要进行有针对性的分析，从而筛选出符合投资政策的投资品种。这种分析首先是明确投资品种的价格形成机制、影响其价格波动的各种因素及作用机制等；其次是要发现那些价格偏离其价值的品种。投资分析的方法很多，但总的来说，这些方法可归为两大类。

第一类称为基本分析。基本分析是指通过对公司的经营管理状况、行业的动态及一般经济情况的分析，进而研究投资品的价值，即解决“购买什么”的问题。基本分析人士相信，价格是由价值决定的，但是价格可能偏离价值，因而他们主要评估投资品种的价值是高估还是低估了。

第二类称为技术分析。技术分析的目的是预测投资品，尤其是证券价格涨跌的趋势，即解决“何时购买”的问题。技术分析偏重对投资品价格的分析，并认为价格是由供求关系所决定的。他们往往相信市场是有规律的，因而他们擅长于利用过去的价格变动来预测未来的价格变动。

(三) 构建投资组合

构建投资组合是投资过程的第三步，它是指确定具体的投资品种和投入各种投资工具和投资品的资金比例。在设计投资组合时，必须依据下列原则：在风险一定的条件下，保证组合收益的最大化；在收益一定的条件下，保证组合风险的最小化。

投资组合包括三个方面的内容，投资工具组合、投资时间组合、投资比例组合，如图 5-2 所示。

投资组合设计也称分散投资，就是把资金分别投入到不完全相关的投资方式上。所谓投资方式的不相关，是指一种投资的收益与另一种投资的收益没有什么关系，不会相互影响。例如，股票投资风险与收益与房地产投资之间就没有什么依赖，至少依赖不密切。这样做的目的是当某种投资遭遇不幸时，不会影响到其他投资，还可通过其他投资弥补损失。最好的投资方式之间是完全不相关，或负相关，这样可能把风险降到最低。负相关就是一种投资收益率上升时另一种则下降，或一种投资收益率下降时另一种则上升。分散投资原则的根本就是考虑多种投资方式之间的收益和风险是不相关的或不完全相关的，为此应注意投资的多元化。

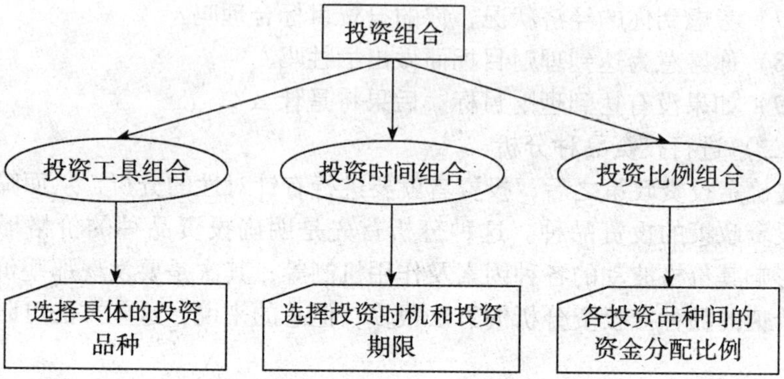

图 5-2　构建投资组合的内容

投资的多元化是指依据一定的现实条件，构建一个在一定收益条件下风险最小的投资组合。一般来说，投资者不应只投资于一种投资工具，即使是同一品种的投资工具也不应该只投资于其中的某一单个投资品上。“不要把鸡蛋放在一个篮子里”，投资者分散投资，有利于分散和降低投资风险，从而形成适合于自己的收益，即风险偏好的投资品种组合。另外，投资多元化是建立在投资数额较大的前提下的，小额投资不能盲目应用这一原则。

（四）调整投资组合

市场是在不断变化的，随着时间的推移，投资者也会改变投资目的，从而使当前持有的投资组合不再是最优组合。为此，投资者需要调整现有组合，卖掉旧的投资品种而购买一些新的投资品种，以形成新的组合。调整投资组合的另一动因是一些原来不具吸引力的投资品种现在变得有吸引力了，而另一些原来有吸引力的则变得无吸引力了。这样，投资者就会想在原来组合的基础上加入一些新的和减去一些旧的投资品。这一决策主要取决于交易成本以及调整组合后投资业绩前景改善幅度的大小。

（五）评估投资组合绩效

评估投资组合的绩效，主要是定期评价投资的表现，其依据不仅是投资的回报率，还有投资者所承受的风险，需要有衡量收益和风险的相对标准来评估投资的业绩。投资业绩的评估主要从两方面来考虑：一是所选择的投资品给投资者带来多大贡献；二是对把握市场时机的能力进行考核。

投资收益或投资回报包括收入收益和资本所得收益。收入收益就是利息、红利等的收入；资本收益就是资本增值或价差的收入，如低买高卖所产生的收益。衡量投资收益的主要指标是投资收益率，主要计算公式如下：

投资收益率=（期末价格-期初价格+持有期收入收益）/期初价格

收益率又可分实际收益率和预期收益率。实际收益率就是过去投资实际获得的收益率，可能是正的、零或者负的。预期收益率是估算将来预期产生的收益率，也就是投资希望获得的收入。

四、投资策略

投资策略是投资者明确了自己的投资目标后，进行投资时所运用的一些具体的操作方法。投资策略主要有以下几种：

（一）投资三分法

投资三分法是指将自有资产分为三部分：第一部分用于投资收益稳定、风险较小的投资品种，如债券、优先股等；第二部分用于投资风险较大、收益较高的投资品种；第三部分以现金形式保持，作为备用金。这三部分在比例上合理搭配，就可以取得相应的投资目标。投资三分法兼顾了投资的安全性、收益性和流动性，是一种颇具参考性的投资组合与投资技巧。

（二）固定比例投资法

这一策略是在投资操作过程中努力保持投资品种的比例不变，如投资者把投资分成股票和债券两部分，并在投资操作过程中努力使股票投资总额和债券投资总额保持某一固定比例。当股价上涨使股票总投资比例上升时，即出售一定比例的股票，购入一定数量的债券，使股票和债券恢复到既定的比例水平；反之，当股价下跌时，应出售债券，购入股票以保持固定的比例。这一方法的关键是如何确定合理的分配比例。固定比例投资法的优点是用简单的方式让投资者离开追涨杀跌的投资生活，用投资原则来约束自己的投资行为，使投资简单可行；同时总保持部分资金在手，很适合有一定流动资金需要的个人和家庭采用。

（三）固定金额投资法

这一策略在投资操作过程中不是努力保持投资品种的比例不变，而是保持投资总额不变，例如基金经理对自身所持有的股票金额设定一个基数，通过买卖股票保持固定的投资总额。对这一投资总额的控制是通过在某一固定投资金额的基础上规定正负波动比例来进行的。

（四）耶鲁投资计划

这一策略类似于固定比例投资法，操作方法基本相同，但耶鲁投资计划使用的比例是一种浮动的比例，这种比例浮动的方向与市场是一致的，因此，市场变化的影响能及时在投资组合中得到相应体现，具有更大的弹性。也正因为如此，这种方法在我国证券投资基金中得到较为普遍的运用，凡是号称“动态配置”的基金，采用的都是这种方法。

（五）杠铃投资法

这种方法将投资集中到短期和长期两种工具上，并随市场利率变动而不断调整资金在两者之间的分配比例。杠铃实际上指的是市场利率水平，它是衡量资金分布的砝码，这种分布是建立在对未来利率走势判断的基础上的，当预计长期利率上涨、长期品种价格趋于下降时，应出售长期品种，增加短期品种的持有量；反之，则增持长期品种。这种预测也可以建立在对短期利率走势预测的基础上。杠铃投资法必须建立在准确预测基础上，需要对市场上各种期限和类型的债券进行大量的观察和预测并做出反应，因此，投资者要耗费大量人力和物力，对于小投资者来说，往往得不偿失。

第二节　股票投资

一、股票的定义

股票是有价证券的一种主要形式，是股份证书的简称，是股份公司为筹集资金而发行给股东作为持股凭证并借以取得股息和红利的一种有价证券。每股股票都代表股东对企业拥有一个基本单位的所有权。股票是股份公司资本的构成部分，可以转让、买卖或作价抵押，是资金市场上主要的长期信用工具。

股票的用途有三点。其一是作为一种出资证明，当一个自然人或法人向股份有限公司参股投资时，便可获得股票作为出资的凭据；其二是股票的持有者可凭借股票来证明自己的股东身份，参加股份公司的股东大会，对股份公司的经营发表意见；其三是股票持有人凭借着股票可获得一定的经济利益，参加股份公司的利润分配，也就是通常所说的分红。

二、股票的特征

1. 收益性。收益性是股票最基本的特征，它是指持有股票可以为持有人带来收益的特性。

2. 风险性。风险性是指股票可能产生经济利益损失的特性，持有股票要承担一定的风险。

3. 流动性。流动性是指股票可以自由地进行交易。

4. 永久性。永久性是指股票所载有权利的有效性是始终不变的，因为它是一种无期限的法律凭证。

5. 参与性。参与性是指股票持有人有权参与公司重大决策的特性。

6. 波动性。波动性是指股票交易价格经常变化，或者说与股票票面价值经常不一致。

三、股票的种类

（一）按股东的权利可分为普通股、优先股

普通股是股份公司资本构成中最普通、最基本的股份，是股份企业资金的基础部分。普通股的基本特点是其投资收益（股息和分红）不是在购买时约定，而是事后根据股票发行公司的经营业绩来确定。在我国上交所与深交所上市的股票都是普通股。当公司因破产或关闭而进行清算时，普通股股东有权分得公司剩余资产，但普通股股东必须在公司的债权人、优先股股东之后才能分得财产，财产多时多分，少时少分，没有则只能作罢。普通股股东一般都拥有发言权和表决权，即有权就公司重大问题进行发言和投票表决。

优先股是“普通股”的对称，是股份公司发行的在分配红利和剩余财产时比普通股具有优先权的股份。优先股也是一种没有期限的有权凭证，优先股股东一般不能在中途向公司要求退股（少数可赎回的优先股例外）。优先股的主要特征有二：一是优先股通常预先定明股息收益率。由于优先股股息率事先固定，所以优先股的股息一般不会根据公司经营情况而增减，而且一般也不能参与公司的分红，但优先股可以先于普通股获得股息。二是优先股的权利范围小。优先股股东一般没有选举权和被选举权，对股份公司的重大经营行为一般无投票权，但在某些情况下可以享有投票权。优先股的优先权主要表现在两个方面：（1）股息领取优先权。（2）剩余资产分配优先权。

（二）按股票持有者可分为国有股、法人股、个人股

国有股指有权代表国家投资的部门或机构以国有资产向公司投资形成的股份，包括公司现有国有资产折算成的股份。由于我国大部分股份制企业都是由原国有大中型企业改制而来的，因此，国有股在公司股权中占有较大的比重。

法人股指企业法人或具有法人资格的事业单位和社会团体以其依法可经营的资产向公司非上市流通股权部分投资所形成的股份。根据法人股认购的对象，可将法人股进一步分为境内发起法人股、外资法人股和募集法人股三种。法人股投资资金来自企事业单位，必须经中国人民银行批准后才可以转让。

社会公众股是指我国境内个人和机构，以其合法财产向公司可上市流通股权部分投资所形成的股份。我国投资者在股票市场买卖的股票都是社会公众股，可以自由流通。

（三）股票按票面形式可分为有面额、无面额及有记名、无记名

有面额股票在票面上标注出票面价值，一经上市，其面额往往没有多少实际意义；无面额股票仅标明其占资金总额的比例。我国上市的都是有面额股票。记名股将股东姓名记入专门设置的股东名簿，转让时须办理过户手续；无记名股的股东名字不记入名簿，买卖无须过户。

（四）按发行范围可分为 A 股、B 股、H 股和 F 股

A 股是在我国国内发行，供国内居民和单位用人民币购买的普通股票；B 股原来是专供境外投资者在境内以外币买卖的特种普通股票，现已对国内居民开放；H 股是我国内地注册的公司在中国香港发行并在香港联合交易所上市的普通股股票；F 股是我国股份公司在海外发行上市流通的普通股股票。

四、如何进行股票交易

（一）如何开户

1. 开立证券账户

不论机构或个人，在深圳、上海证券交易所进行证券交易，首先需要开立证券账户卡（股东代码卡），它是用于记载投资者所持有的证券种类、名称、数量及相应权益和变动情况的账册，是股东身份的重要凭证。每个投资者在每个市场只允许开立一个证券账户卡。只有拥有证券账户，才能进行股票交易。开立证券账户时投资者必须持本人有效身份证件（一般为身份证），并提供投资者的详细资料。这些资料包括：姓名、身份证号码、家庭住址、联系电话等。

上海、深圳两交易所证券账户主要分为 A 股证券账户、B 股证券账户以及基金账户等。A 股证券账户可以买卖在证券交易所挂牌交易的股票、基金、债券；基金账户可以买卖基金和债券，但不能买卖股票；B 股证券账户只能买卖上市交易的 B 股股票；境内自然人可以开立个人 A 股证券账户和基金账户，但已开立 A 股证券账户的不能再开立基金账户，已开立基金账户的不能再开立 A 股证券账户；境外自然人和法人可以开立 B 股证券账户。

2. 开立资金账户

投资者开立了证券账户后还需选择一家证券公司的营业部，作为自己

买卖证券的代理人，开立资金账户和办理指定交易。资金账户是用于记载投资者买卖证券的资金变动及余额情况的账户，该账户由证券公司营业部为投资者开设，而这个资金账户也仅仅在该券商处交易有效。投资者如需在别的券商处交易，需另外开立资金账户，因此，一个投资者可拥有多个资金账户。

（二）如何交易

1. 委托买卖

投资者开立证券账户和资金账户以后，可以根据开户证券营业部提供的几种委托方式选择其中的一种或几种进行交易。证券营业部通常提供的委托方式有柜台委托、自助终端委托、电话委托、网上交易等。委托应在规定的交易营业时间内办理，一般当天有效，即委托有效期从委托申报开始至当天闭市结束。在办理委托时，要注意申报清楚以下内容：①证券的名称或证券交易代码；②买卖方向：即买进或卖出；③买进或卖出的数量；④买进或卖出的价格。

2. 撮合交易

券商受理客户委托一般先由券商的电脑委托系统进行审查，审查无误后，直接进入交易所内计算机主机进行撮合成交。所有的交易由上海证券交易所的电脑交易系统自动撮合完成，无须人工干预。交易所的自动撮合系统按“价格优先、时间优先”原则进行，即在一定价格范围内（昨收盘价的上下10%之间），优先撮合最高买入价或最低卖出价。投资者的委托如未能一次全部成交，其剩余委托仍可继续执行，直到有效期结束。委托成交后，投资者应该对符合委托条件的成交结果给予承认，并按期履行交割手续。在委托未成交之前，投资者有权变更或撤销委托，而变更委托视同重新办理委托。

3. 清算交割

投资者在委托买卖的次交易日应及时到券商处办理交割，也就是客户与券商就成交的买卖办理资金清算与股份过户业务的手续，此手续俗称“一手交钱、一手交货”，券商向客户提供的交割单需列出客户本次买卖交易的详细资料，至此客户的股票交易才结束。现在，由于很多委托以网上交易的形式进行，一般不到券商处进行实地交割。

股票交易的流程可如图5-3所示。

（三）交易费用

交易费用通常包括印花税、佣金、过户费、其他费用等几个方面的内

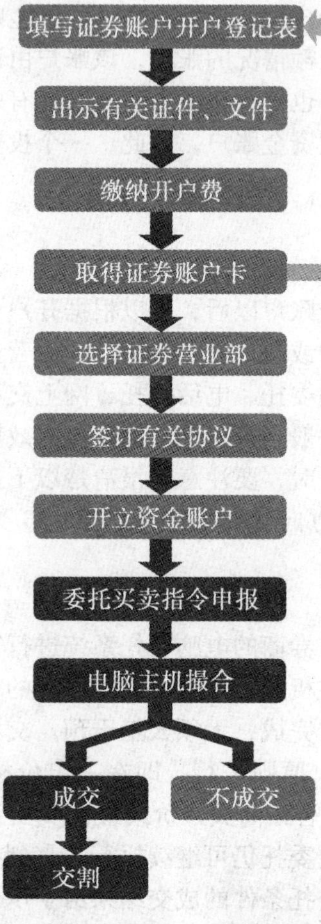

图 5-3 股票交易流程图

容（表5-1）。

1. 印花税。印花税是根据国家税法规定，在股票（包括 A 股和 B 股）成交后对买卖双方投资者按照规定的税率分别征收的税金（我国目前规定股票交易的印花税由出让方单边缴纳）。基金、债券等均无此项费用。

2. 佣金。佣金是指投资者在委托买卖证券成交之后按成交金额的一定比例支付给券商的费用。此项费用一般由券商的经纪佣金、证券交易所交易经手费及管理机构的监管费等构成。

3. 过户费。过户费是指投资者委托买卖的股票、基金成交后买卖双方为变更股权登记所支付的费用。这笔收入属于证券登记清算机构的收入，由证券经营机构在同投资者清算交割时代为扣收。

表 5-1　　　　我国股票交易费用一览表

股票交易费用表				
收费项目	深圳 A 股	上海 A 股	深圳 B 股	上海 B 股
印花税	1‰ （单边收取）	1‰ （单边收取）	1‰ （单边收取）	1‰ （单边收取）
佣金	小于或等于 3‰ 起点：5 元	小于或等于 3‰ 起点：5 元	3‰	3‰，起点： 1 美元
过户费	无	1‰（按股数计算，起点：1 元）	无	无
交易手续费	无	5 元 （按每笔收费）	无	无
结算费	无	无	0.5‰ （上限 500 港元）	0.5‰
基金、债券交易费用表				
收费项目	封闭式基金	可转换债券	国债	企业债券
印花税	无	无	无	无
佣金	3‰，起点：5 元	1‰	1‰	1‰
过户费	无	无	无	无
交易手续费	无	无	无	无
交易所其他费用				
收费项目	深圳 A 股	上海 A 股	深圳 B 股	上海 B 股
开户费	个人：50 元 机构：500 元	个人：40 元 机构：400 元	个人：120 港元 机构：580 港元	个人：19 美元 机构：85 美元
转托管费	30 元	无	港币 100.00 元	无

4. 其他费用。其他费用是指投资者在委托买卖证券时，向证券营业部缴纳的委托费（通讯费）、撤单费、查询费、开户费、磁卡费以及电话委托、自助委托的刷卡费、超时费等。

（四）交易单位和价格

我国的股票交易以手为交易单位。

1. A 股股票。1 手为 100 股，买入股票最低起点为 1 手即 100 股，超过 1 手则必须为 1 手的整数倍，如 200 股、800 股、1 000 股等，否则为无效委托，不予受理，如 250 股、371 股等。配股买入时则不受此规定限制，可根据实际配股数进行申报，如买入 251 股配股。卖出股票也不受该规定限制，比如 1 000 股可以分 358 股和 642 股两次卖出。A 股股票计价单位为 1 股，而价格波动以 0.01 元为基本变动单位。

2. B 股股票。上海证券交易所以 1 000 股为 1 个交易单位，采用的报价和结算币种为美元，计价单位为 1 股，价格变动最小单位为 0.002 美元。深圳交易所以 100 股为 1 个交易单位，报价和结算币种为港币，计价单位为 1 股，价格变动最小单位为 0.01 港币。

五、股票交易常用的基本概念

（一）市场及交易的概念

一级市场：指发行市场，通过发行股票进行筹资活动的市场。

二级市场：指流通市场，已发行股票进行转让的市场。

配股：指上市公司向原股东进一步发行新股、筹集资金的行为。从好的方面来说，配股实际上是给股东提供了一个追加投资的机会；从坏的方面来说，就是不但没有回报股东反而还继续向股东要钱。

股息：又称股利，指股东凭股票从公司领取的收入，按入股额的比例分配。

分红：上市公司向股东分配利润，可以是现金，也可以送红股（将现金红利转化为资本金，以扩大生产经营）。

认股权证：指未来某个时间以事先确定的价格购买公司股票的权利，实际上是一种买入期权，到时根据实际情况可购买股票或者放弃。

指数：反映股票市场的整体情况。一般有多种指数，如综合指数、成分指数、行业指数等。

收盘价：是指当日该股票最后一笔交易的成交价格，收市价又分为前（上午）收市价和后（下午）收市价。

开盘价：是指当日开盘后该股票的第一笔成交的价格，如开市后 30 分钟内无成交价，则以前日的收盘价作为开盘价。

成交量：反映成交的数量多少。一般可用成交股数和成交金额两项指标来衡量。

最高价：是指当日所成交的价格中的最高价位。有时最高价只有一笔，有时不止一笔。

最低价：是指当日所成交的价格中的最低价位。有时最低价只有一笔，有时不止一笔。

涨跌：每天的涨跌为当天的收盘价减去前日的收盘价。

涨跌幅：每天的涨跌幅为每天的涨跌除以前日的收盘价。目前，沪深股市实行的是涨跌幅限制制度，涨跌幅度为前日收盘价的上下10%，即涨跌停板，只可以在这个幅度内进行交易。

停牌：股票由于某种消息或进行某种活动而由证券交易所暂停其在股票市场上进行交易。待情况澄清或企业恢复正常后，再复牌在交易所挂牌交易。

（二）主要指标

公司市值：市价乘以总股数，表示市场认可此公司的价值。市值越大，公司越值钱。

每股净资产：又叫股东权益，指公司净资产除以总股数的值，表示每股值多少钱的真实财产。原则上数值越大，每股拥有的财产越多。

每股税后利润：又叫每股盈利，指公司税后利润除以总股数的值，表示每股盈利的数额。原则上数值越大，盈利能力越高，经营业绩越好，相应的股价也可能较高。

净资产收益率：指公司税后利润除以净资产得出的百分比，用以衡量公司运用自有资本的效率。

市盈率：市价与每股税后利润之比，可以理解为获得利润的成本（或价格），如某股票的市盈率为20，则表示要花20元钱（买入股票）才能获得1元的利润收入。市盈率越高，则成本价格越高。可用市盈率来表示股票的风险程度。

市净率：市价与每股净值之比，可以理解为每股净资产的价格，如市净率为3，则表示此公司每股净资产的价格为3元。市净率是衡量股票投资可靠性（安全性）的指标。市净率越低越可靠，如市净率为1，则表示是以每股净资产的价格进行交易了。

六、股票投资的基本原则

1. 趋势原则

在准备买入股票之前，首先应对大盘的运行趋势有个明确的判断。一般来说，绝大多数股票都随大盘趋势运行。大盘处于上升趋势时买入股票较易获利，而在顶部买入则好比虎口夺食，下跌趋势中买入难有生还，盘局中买入机会不多。还要根据自己的资金实力制定策略，选处于上升趋势的强势股。

2. 分批原则

在没有十足把握的情况下，投资者可采取分批买入和分散买入的方法，这样可以大大降低买入的风险。但分散买入的股票种类不要太多，一般以在5只以内为宜。另外，分批买入应根据自己的投资策略和资金情况有计划地实施。

3. 底部原则

中长线买入股票的最佳时机应在底部区域或股价刚突破底部上涨的初期，应该说这是风险最小的时候。而短线操作虽然天天都有机会，但也要尽量考虑到短期底部和短期趋势的变化，并要快进快出，同时投入的资金量不要太大。

4. 风险意识原则

股市是高风险高收益的投资场所。可以说，股市中风险无处不在、无时不在，而且也没有任何方法可以完全回避。作为投资者，应一直保持风险意识，并尽可能地将风险降至最低程度，而买入股票时机的把握是控制风险的第一步，也是重要的一步。在买入股票时，除考虑大盘的趋势外，还应重点分析所要买入的股票是上升空间大还是下跌空间大、上档的阻力位与下档的支撑位在哪里、买进的理由是什么、买入后假如不涨反跌怎么办，等等，这些方面在买入股票时就应有清醒的认识，从而可以尽可能地将风险降低。

5. 强势原则

“强者恒强，弱者恒弱”，这是股票投资市场的一条重要规律。这一规律在买入股票时会对我们有所指导。遵照这一原则，我们应多参与强势市场而少投入或不投入弱势市场，在同板块或同价位或已选择买入的股票之间，应买入强势股和领涨股，而非弱势股或被认为将补涨而价位低的股票。

6. 题材原则

要想在股市中特别是较短时间内获得更多的收益，关注市场题材的炒作和题材的转换是非常重要的。虽然各种题材层出不穷、转换较快，但仍具有相对的稳定性和一定的规律性，只要能把握得当定会有丰厚的回报。我们买入股票时，在选定的股票之间应买入有题材的股票而放弃无题材的股票，并且要分清是主流题材还是短线题材。另外，有些题材是常炒常新，而有的题材则是过眼烟云，炒一次就完了，其炒作时间短，以后再难有吸引力。

7. 止损原则

投资者在买入股票时，都是认为股价会上涨才买入。但若买入后并非像预期的那样上涨而是下跌该怎么办呢？如果只是持股等待解套是相当被动的，不仅占用资金错失别的获利机会，更重要的是背上套牢的包袱后还会影响以后的操作心态，而且何时才能解套也是不确定的事。与其被动套牢，不如主动止损，暂时认赔出局观望。对于短线操作来说更是这样，止损可以说是短线操作的法宝。股票投资回避风险的最佳办法就是止损、止损、再止损，别无他法。因此，我们在买入股票时就应设立好止损位并坚决执行。短线操作的止损位可设在5%左右，中长线投资的止损位可设在10%左右。

第三节　银行理财产品投资

一、银行理财产品的定义

银行理财产品是指商业银行在对潜在目标客户群分析研究的基础上，针对特定目标客户群开发设计并销售的资金投资和管理计划。在理财产品这种投资方式中，银行只是接受客户的授权管理资金，投资收益与风险由客户或客户与银行按照约定方式承担。

表5-2列示了1995—2009年我国商业银行理财业务发展历程。

表5-2　　1995—2009 年我国商业银行理财业务发展历程

年份	银行	主要事件
1995年	招商银行	推出集本外币、定活期存款集中管理及代理收付功能为一体的“一卡通”
1996年	中信实业银行广州分行	率先在国内银行界成立了私人银行部，客户只要在私人银行部保持最低10万元的存款，就能享受该行的多种财务咨询
1997年	中国工商银行上海市分行	推出了理财咨询设计、存单抵押贷款、外汇买卖、单证保管、存款证明等12项内容的理财系列服务
1998年	中国工商银行的上海等5家分行	进行“个人理财”业务的试点

续表

年份	银行	主要事件
1999 年	中国建设银行	在北京、上海等 10 个城市的分行建立了个人理财中心
2000 年	中国工商银行上海市分行	银行首次出现以银行员工姓名作为服务品牌的理财工作室
2001 年	中国农业银行	推出“金钥匙”金融超市，为客户提供“一站式”理财服务
2002 年	招商银行	在全国推出“金葵花”理财，为高端个人客户提供高品质、个性化的综合理财服务，内容包括“一对一”理财顾问服务、理财规划等专业理财服务
2003 年	中国工商银行	实施个人理财中心核心竞争力开发及管理项目，显著提升了网点的综合服务功能和竞争能力
2004 年	中国光大银行	在国内银行中率先推出的外币理财产品——阳光理财 A 计划和人民币理财产品——阳光理财 B 计划
2005 年	交通银行总行	对其个金产品进行了套餐化，分别推出了学生族——“志学理财”，年轻一族（新就业者）——“菁英理财”，两人世界——“伉俪理财”，创业一族——“通达理财”等套餐
2006 年	花旗银行、巴黎银行、德意志银行	宣称在沪发展私人银行
2007 年	中国银行	成立私人银行部，并在京沪两地设立了私人银行
2008 年	各大银行	遭遇寒冬，零收益、负收益现象普遍
2009 年	各大银行	共发行 6 000 多款理财产品，同比增长了 10.5%，年均收益率在 3% 以上

二、银行理财产品的种类

（一）按标价货币分类

银行理财产品的标价货币，即允许用于购买相应银行理财产品或支付收益的货币类型。如外币理财产品只能用美元、港币等外币购买，人民币理财产品只能用人民币购买，而双币理财产品则同时涉及人民币和外币。

1. 外币理财产品

外币理财产品的出现早于人民币理财产品，结构多样，创新能力很强。外资银行凭借自身强大的海外投资能力，在这一领域表现极其活跃，并提供了多种投资主题，如新兴市场股票、奢侈品股票篮子、水资源篮子股票等，帮助投资者在风险相对较低的情况下，把握资本市场的投资热点。

2. 人民币理财产品

伴随近年来银行理财市场的蓬勃发展，在基础性创新方面，各家银行将投资品种从国债、金融债和央行票据，延伸至企业短期融资券、贷款信托计划乃至新股申购等方面；在差异性创新方面，流动性长短不一而足，风险性则由保最低收益到保本再到不保本，品类齐全。从投资方向分，最常见有债券型、信托型、新股申购型和 QDII 型。

（1）债券型，主要投资于国债、央行票据、政策性金融债等低风险产品，是风险最低的银行理财产品之一。比起购买单期国债来说，这类理财产品通过各种债券搭配来提高收益率，投资期限短，因此更具投资价值。

（2）信托型，投资于商业银行或其他信用等级较高的金融机构担保、回购的信托产品或商业银行优良信贷资产收益权信托产品。

（3）新股申购型，集合投资者资金，通过机构投资者参与网下申购提高中签率。

（4）QDII 型，取得代客境外理财业务资格的商业银行接受投资者的委托，将人民币兑成外币，投资于海外资本市场，到期后将本金及收益结汇后返还给投资者。

3. 双币理财产品

根据货币升值预期，将人民币理财产品和外币理财产品进行组合创新。

（1）投资本金由本外币两种货币组成，以人民币理财产品和外币理财产品的模式运作，到期后分别以原币种支付本金及收益。

（2）以人民币作为投资本金，将此本金产生的利息兑成外币，以外币理财模式运作，以外币返还本外币理财的整体收益。

（3）其他交叉投资模式。

❀ 资料5-1

招商银行理财产品

名称	招商银行“金葵花”——岁月流金系列人民币90天理财计划(代码：8506)
理财币种	人民币
本金及理财收益	招商银行于每个工作日10：30前公布本理财计划项下子计划的到期或提前终止预期年化收益率，投资者购买本理财计划项下子计划后若持有到期则招商银行承诺保证本金，预期理财收益按照投资者购买各子计划当日招商银行公布的预期年化收益率计算。详细内容见以下“本金及理财收益”
投资周期	90天，详细内容见以下“投资周期”
提前终止	本理财计划项下的子计划成立30个工作日后，招商银行有权但无义务提前终止该子计划。详细内容见以下“提前终止”
认购起点	1元人民币为1份，认购起点份额为5万份，超过认购起点份额部分，应为1万份的整数倍
认购开放时间	自2010年3月11日开始，每个自然日10：30到22：30为认购开放时间，其他时间不开放认购。详细内容见以下“理财计划认购”
登记日	各子计划认购后的下一工作日为登记日
成立日	登记日为成立日，各子计划自成立日起计算收益
到期日	成立日后的第90天为各子计划到期日，若到期日为节假日则顺延至下一个工作日
赎回	投资者认购本理财计划项下的子计划，且相应子计划成立后，投资者不能提前赎回该子计划
收益计算基础	实际理财天数/365
本金及收益支付	各子计划的理财本金及收益在到期日后3个工作日内划转至投资者指定账户
还本清算期	到期日至理财资金返还到账日为还本清算期，还本清算期内不计付利息
购买方式	在理财计划认购开放时间内，携带本人身份证件和招商银行“一卡通”到招商银行当地各营业网点办理或通过个人银行大众版、专业版、财富账户认购
节假日	中国法定公众节假日
工作日	节假日以外商业银行工作时间（最终以国务院假日公布为准）
对账单	本理财计划不提供对账单
税款	理财收益的应纳税款由投资者自行申报及缴纳

（二）按收益类型划分

1. 保证收益类

（1）收益率固定。银行按照约定条件，承诺支付固定收益并承担由此产生的投资风险。若客户提前终止合约，则无投资收益；若银行提前终止合约，收益率按照约定的固定收益计算，但投资者将面临一定的再投资风险。

（2）收益率递增。银行按照约定条件，承诺支付最低收益并承担相关风险，其他投资收益由银行和客户共同承担。若银行提前终止合约，客户只能获得较低收益，且面临高于固定收益类产品的再投资风险。

2. 非保证收益类

（1）保本浮动收益。保本浮动收益指商业银行根据约定条件向客户保证本金支付，依据实际投资收益情况确定客户实际收益，本金以外的投资风险由投资者承担的理财产品。此类产品将固定收益证券的特征与衍生交易的特征有机结合，是我们常说的“结构型理财产品”。这类产品在保证本金的基础上争取更高的浮动收益，投资者在存款的基础上，向银行出售了普通期权、互换期权或奇异期权，因此得到普通存款和期权收益的总收益。衍生部分品种繁多，所挂钩的标的物五花八门，比如利率、汇率、股票波动率、基金指数、商品期货价格甚至天气等。商业银行通常通过购买零息票据或期权等保本工具来实现保本，再将剩余的钱去购买挂钩标的，这种策略以小博大，如果投资者认同挂钩产品的走势，最多也只是输掉投资期利息，以一种门槛不高的投资，可以参与诸如商品市场、海外资本市场等平日没有途径进入的领域，有较强的吸引力。保本浮动收益从收益计算方式划分，主要可以分为区间累积型、挂钩型、触发型三种。

①区间累积型：预先确定最高、最低的年收益率并设置利率参考区间，根据利率/汇率/指数等标的物在参考区间内运行的情况确定收益率。

②挂钩型：产品实际收益情况与存续期内每一天的利率等标的物成正比（反比），挂钩标的物越高（低），产品收益率越高（低）。

③触发型：为挂钩标的物设定一个触发点，在产品观察期内，触碰或突破触发点，可获得约定的投资收益。

投资者需要对挂钩标的物有一定了解和基本判断能力，如果产品设计对标的物走势情况判断失误，产品收益率有可能就大打折扣甚至颗粒无收，即使走势判断正确，收益计算方式的选择也极为重要。拿区间累积型来说，即使产品设计者对某一挂钩市场走势判断正确，但假设参考区间设计得幅度过于狭窄，一旦投资标的物的表现在短时间内大幅上扬（下挫），直接跳开该设定区间，则会直接影响实际投资成果。

（2）非保本浮动收益。非保本浮动收益类产品指商业银行根据约定条件和实际投资情况向客户支付收益，并且不保证本金安全，投资者承担投资风险的理财产品。非保本浮动收益理财产品是商业银行面向投资者推出的类似衍生金融产品的理财计划，目前还未形成完善的产品系统。现阶段常见的是一些打新股、类基金等产品，但是本上质没有太大差别，更多地是要考虑此类产品的入场时间而非产品设计。

三、如何选择银行理财产品

与储蓄存款相比，理财产品因为其更高的收益而受到大众的青睐。但是，要购买一款适合自己的银行理财产品，却并非容易的事情，除了要了解这些产品的分类、收益，还要特别关注其中可能出现的风险。

（一）要了解银行理财产品的种类，选择适合自己的产品类型

目前银行的理财产品大致分为保证收益型、保本浮动收益型和非保本浮动收益型三类。保证收益型产品是银行按照约定条件向客户承诺支付最低固定收益，银行承担由此产生的投资风险，超出最低固定收益的其他收益由银行和客户按照合同约定分配。保本浮动收益型产品是指银行按照约定条件向客户保证本金，此外的投资风险由客户承担，并依据实际投资收益情况确定客户实际收益的理财计划。非保本浮动收益型产品是指银行根据约定条件和实际投资收益情况向客户支付收益，并不保证本金安全的理财计划。投资人要根据自身的风险承受能力选择适合的产品类型。

（二）要正确认识银行理财产品的收益率

根据规定，银行不得无条件向客户承诺高于同期储蓄存款利率的保证收益率，因此不论固定收益产品还是浮动收益产品，在购买时所看到的“收益率”其实是“预期收益率”，甚至是“最高预期收益率”的概念。只有当产品到期，银行根据整个理财期间产品实际达到的结果，按照事先在产品说明书上列明的收益率计算方法计算出来的收益率才是“实际收益率”。

（三）要对银行理财产品的风险有清醒认识

“高收益必定伴随着高风险，但高风险未必最终能带来高收益”，这是在进行任何投资活动前都必须牢记的规律。银行理财产品也遵循这一规律。也正因为理财产品的风险高于普通存款，因此能有机会获得高于存款利息的收益。一般规律是，保证收益类产品的约定收益较低，风险也较

低；非保证收益类产品的收益潜力较大，但风险也较高。保证收益率产品的收益一般都会有附加条件：如银行具有提前终止权或银行具有本金和利息支付的币种选择权等。而非保证收益类产品，就要明白任何市场的历史表现都不能代表未来的走势，银行说明的“预期收益率”或“最高收益率”可能与最终实际收益率出现偏差。

（四）投资者要正确地了解自己

认真考虑自己的理财目的、资金量、理财时间、背景知识、对风险的认识等问题，选择适合自己的产品，实现资产保值增值的目标。

（五）不要盲目跟风

尽量选择自己相对熟悉的产品购买，即使原来没有任何背景知识，也应该在购买前详细咨询独立的理财师，或要求银行专业理财人员详细解释。

（六）了解金融机构

投资银行理财产品，要事先了解哪些金融机构可以销售银行理财产品，每个银行在理财产品和配套服务方面的特色和专长，从中选择值得信赖的金融机构。

第六章 保险规划

第一节 风险管理和保险

一、个人面临的风险分析

个人面临的风险主要包括人身风险和财产风险两个方面。

（一）个人面临的人身风险

概括地说，人的身体和生命所面临的风险无非是生、老、病、死、伤、残，这些风险都会给我们带来财务上的损失，因此我们在进行保险规划时必须根据不同情况做出适当的选择。从个人理财的角度，我们可以把人身风险按照以下三个方面划分：

1. 活得太短的风险

如果遭遇意外致使生命过早结束，会造成家庭顿失主要经济支柱，家人生活费用没有着落。

2. 活得太长的风险

如果我们 20 岁工作，60 岁退休，活到 100 岁，60 岁之前的 40 年中我们有收入，60 岁之后的 40 年是没有收入来源的。如果仅仅依靠之前的 40 年收入节余来维持退休后 40 年的生活，生活情形可想而知。

3. 活得太惨的风险

不言而喻，因为各种原因无法达到正常的生活质量，例如因为疾病需要大量医疗费等，是我们最不愿看到的情形。

（二）个人面临的财产风险

从广义上看，财产不仅仅包括有形的物质财产，还包括由此产生的责任以及带来的利益，所以个人所面临的财产风险也可分为以下种类：

1. 财产损失风险

财产损失风险是指可能导致财产发生损害、灭失和贬值的风险。例如，建筑物因火灾、地震、暴雨等风险事故的发生所遭到的损毁，家庭物品因他人盗窃而发生的丢失，机械设备由于折旧、更新等原因导致的贬值等。这些财产损失直接导致我们的资产减少和支出增加，给我们的财务活动带来负面的影响。

2. 责任风险

责任风险指因侵权、违约、过失（有时甚至是无过失）等原因给他人造成了人身伤害或财产损失，按照法律、合同、道义应承担经济赔偿责任的风险。例如，汽车撞伤了行人，如果是属于驾驶员的过失，就应依法对受害人或其家属给予经济赔偿；产品因质量问题给消费者造成了人身伤害或财产损失，生产企业将承担相应的民事赔偿责任；医生、会计师、审计师等专业人员因工作疏忽给有关当事人带来了损失，也应依法承担经济赔偿责任。责任风险将导致个人的支出增加，导致财务状况恶化。

3. 信用风险

信用风险是指在经济交往中，权利人与义务人之间由于一方违约或犯罪而给对方造成经济损失的风险。例如，银行将贷款贷出后，就面临着借款人可能不还款或拖延还款的风险；卖方将商品发给买方而买方尚未付清货款时，卖方就面临买方违约的风险。信用风险导致个人资金管理活动不畅，扰乱预算收支安排。

表 6-1 列示了个人风险及风险管理情况。

表 6-1 **个人风险及风险管理**

风险		降低财务影响的策略		
个人事件	财务影响	个人资源	私人部门	公共部门
无能力	丧失收入	储蓄、投资	无能力保险	无能力保险
	丧失服务		其他策略	
	增加开支	其他资源		
	其他开支			
疾病	丧失收入	增进健康	健康保险	健康关怀
	大额医疗支出		健康维护机构	
	其他损失			
死亡	丧失收入	遗产计划	人寿保险	社会保险
	丧失服务	风险降低	其他策略	
	葬礼支出	其他资源		
	其他支出			

续表

风险		降低财务影响的策略		
个人事件	财务影响	个人资源	私人部门	公共部门
退休	收入减少	储蓄	退休金	社会保险
	其他支出	投资习惯、技巧	其他	养老保险
财产损失	火灾	修理和维护	汽车保险	
	暴风	安全计划	住房保险	
	盗窃	其他资源	盗窃保险	
			其他财产保险	
责任	申报和处置费用	小心仔细		
	法庭和法律费用	维护财产		
	个人财产和收入损失	其他资源		
	其他支出			

二、可保风险

可保风险，从广义上讲，是指可以利用风险管理技术来分散、减轻或转移的风险；从狭义上看，则是保险人愿意并能够承保的风险，是符合保险人承保条件的特定风险。一般而论，可保风险必须具备下列条件：

（一）不是投机风险

保险公司可承保的风险，大都是纯粹风险，即有损失可能而无获利可能的风险，一般是静态风险而非动态风险，即在社会经济结构条件不变情况下可能发生的风险。之所以可保风险不能是投机风险、动态风险，在于投机风险、动态风险的运动不规则，重复性差，规律性不强，难以用大数法则准确预测估量，而且，有些投机风险还为国家法律所禁止，不为社会道德公允。据此，火灾、爆炸等风险为可保风险，而股票炒买炒卖、赌博等投机风险，不可能成为可保风险。

（二）对个别标的而言，风险发生具有偶然性

尽管风险威胁着每个具体标的，但是不具体风险对某一具体标的的而言，风险本身是否发生以及其发生是否危及这一具体标的、危害程度等，对于经济单位和个人来说都是不可能预先知道的。只有这样的风险才是保险公司可能承保的风险。如果对具体标的来讲，肯定不可能遭受某种风险

危害，保险转移也就没有必要。也就是说，具有偶然性和不可知性的风险才可能是可保风险。

（三）对大量标的而言，风险发生具有必然性

人们尽管可以感受到风险的威胁，但是，要准确地认识风险，则必须通过大量的风险事故，才可能对风险进行测定，认识风险的运动规律。如果某种风险在历史时空上只是偶尔发生，人们就无法把握风险运动的规律，从而也就不可能采取有效的措施预防风险，降低风险发生的频率，控制风险损失。因此，如果没有大量的标的遭受风险危害的历史材料，保险公司就无法利用数理方法来探究风险的运动、发展规律，从而保险公司也就失去了经营基础。所以，作为保险公司可以承保的风险，对众多的标的而言，具有发生的必然性。

（四）风险的发生必须是意外的

所谓意外，具有两层含义：一是非人们的故意行为所致；二是对具体标的损害非必然。故意行为为法律所禁止，与社会道德相悖。必然发生则为人们准确预期。因此，故意引致的风险及必然发生的风险，都不可能通过保险来转移。如赌博、自然损耗、机器磨损等为不可保风险，赌博为法律所禁止，自然损耗、机器磨损为必然，因此就不可能为保险公司承保。

（五）风险损失较大

风险发生所致损失如果太小，就没有通过保险转移的必要。因为，无论是对经济单位来讲，还是对保险公司来讲，经济上都是不合算的。因此，作为可保的风险，其发生所致损失必然要较大。

与可保风险相对，在保险经营实践中，有些风险是保险公司不予接受承保的，称为不可保风险。不可保风险一般有以下种类：（1）道德风险；（2）意料中的风险；（3）违法风险；（4）巨灾风险。

三、保险的概念和原理

保险是指投保人根据合同约定，向保险人支付保险费，保险人对于合同约定的可能发生的事故因其发生所造成的财产损失承担赔偿保险金责任，或者当被保险人死亡、伤残、疾病或者达到合同约定的年龄、期限时承担给付保险金责任的商业保险行为。

保险是一种以经济保障为基础的金融制度安排，它通过对不确定事件发生的数理预测和收取保险费的方法，建立保险基金，以合同安排的形式，由大多数人来分担少数人的损失，实现保险购买者风险转移和理财计划的目标。

❀ 资料6-1

保险的基本思想

在某个烹调学校教室里，由于意外，王学员把大盘子掉到地下摔碎了。王学员赔付了100元。老师说，每年大约都会有10个大盘子被摔碎。王学员想：将来不久，就有人可能再把大盘子摔碎。如果每年大约有10个100元的大盘子被摔碎的话，总共需要1 000元。那么，如果烹调教室的100个学员能将这笔费用分担下来，1年每个人负担10元就可以了，大家是能够接受这点费用的。

于是，王学员说服学员们。最后大家都赞成因为每个人都有摔碎大盘子赔偿损失的可能性，所以每个人拿出了10元钱。有的学员开玩笑说："以后不用害怕把大盘子摔碎了。"大家拿出来的这10元钱就是保险费，摔碎盘子的赔偿金就相当于保险公司给付的保险金。

王学员的想法就相当于保险的基本思想。

保险的原理如图6-1所示，保险公司根据预测的损失概率，将预计发生的损失分摊给众多参加保险的个人，实际发生的少数人的损失由大多数人进行分摊，成功地将损失造成的财务风险降至最低。

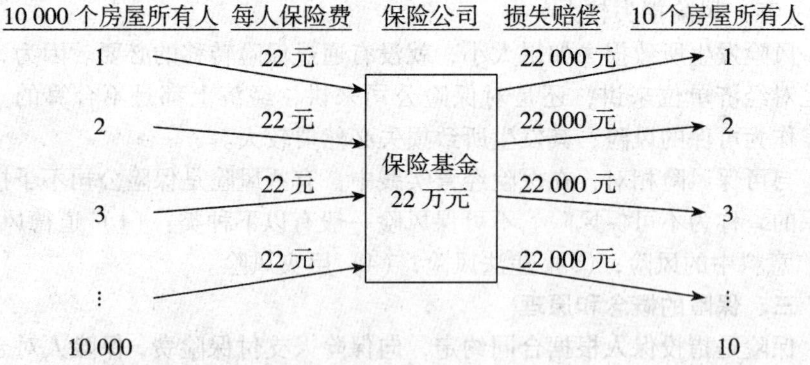

图6-1 保险原理示意图

有几个保险的基本概念必须要了解：

保险人：指提供保险保障服务的保险公司，它收取保险费，在事先约定的保险事故发生给被保险人造成损失时，承担赔付保险金的责任。

投保人：指购买保险的人，他向保险公司提出购买要求，并负责交纳保险费。

被保险人：指受保险公司保障的人，保险公司赔付的保险金由其申领。

受益人：人身保险中特有的一种身份，由被保险人或者投保人指定（投保人指定须经被保险人同意），在被保险人因死亡不能申领保险金时，受益人则享有申领的权利，类似于遗产继承人的角色。

保险费：购买保险产品和服务需要支付的价格，由投保人交纳，保险人收取。

保险金：又叫保险赔款，在保险事故发生时由保险人依约赔付给被保险人。

第二节　保险产品介绍

针对人们期望规避风险的要求，保险公司开发出了许多保险产品，提供给投保客户。这些产品分别针对人们的不同需求，主要分为财产保险和人身保险两大类。另外，随着人们对于保险产品功能多样化的要求，又附加了分红、投资等功能，使得保险产品的种类日益丰富。我们在进行保险规划时，首先就要了解保险产品，按照自己的需求购买（见表6-2）。

表6-2　**保险产品分类**

第一层次	第二层次	第三层次	第四层次
人身保险	人寿保险	生存保险	普通生存保险
			年金保险
		死亡保险	定期死亡保险
			终身死亡保险
		生死两全保险	
		创新型人寿保险	分红保险
			投资连结保险
			万能寿险
			变额寿险
			变额万能寿险
	意外伤害保险		
	健康保险	医疗保险	
		收入损失保险	

续表

第一层次	第二层次	第三层次	第四层次
财产保险	财产损失保险	火灾保险	企业财产保险、家庭财产保险
		运输工具保险	机动车辆保险、船舶保险、飞机保险
		货物运输保险	
		工程保险	
		农业保险	
	责任保险	公众责任保险	
		产品责任保险	
		职业责任保险	
		雇主责任保险	
		第三者责任保险	
	信用保险	信用保险	
		保证保险	

一、人身保险

人身保险是以人的生命、身体或劳动能力为标的的保险。保险人对被保险人因意外伤害、疾病、衰老等原因导致死亡、伤残、丧失劳动能力等，给付约定的保险金。最初的人身保险仅承保被保险人的死亡，后来逐渐扩展到生存、养老、残疾、医疗、生育等方面。人身保险包括人寿保险、健康保险和意外伤害保险。人寿保险是以人的生存和死亡为给付保险金条件的保险。健康保险是指对被保险人因疾病或意外而发生医疗费用等损失予以补偿的保险。意外伤害保险是以被保险人遭受意外伤害为给付保险金条件的保险。

（一）人寿保险

人寿保险亦称“生命保险”，是以人的生命为保险对象的保险。投保人或被保险人向保险人缴纳约定的保险费后，当被保险人于保险期内死亡或生存至一定年龄时，保险人履行给付保险金义务。人寿保险可分为死亡保险、生存保险和生死两全保险三种。

1. 死亡保险

死亡保险是指在保险有效期内被保险人死亡，保险公司给付保险金的保险。根据保险的期限分为定期死亡保险和终身死亡保险。

定期死亡保险又叫定期寿险，指被保险人在保险期内死亡，才可以得到保险金。若保险期满后被保险人仍然生存，保险公司不承担给付责任，也即投保人得不到赔款。定期死亡保险只有保险功能，没有储蓄功能，其保费是人寿保险中最便宜的。这种保险适合收入较低而急需较高保险金额的人购买，通常作为终生寿险或生死两全保险的补充，可以用作贷款的担保手段。

终生死亡保险也叫终身寿险。保险期限从保单生效之日起，一直到被保险人死亡为止，也就是以被保险人终身为保险期限，所以被保险人的死亡不论发生在何时，保险公司总是要负责赔款。

2. 生存保险

生存保险是以保险人在规定的期限内生存作为给付保险金的条件，即仅在被保险人生存到一定期限时，给付保险金。若在此期间被保险人死亡，则保险人不负给付保险金的责任。因此，生存保险的给付是以被保险人的生存为条件。生存保险的需要是建立在储蓄的基础上。

生存保险主要有普通生存保险和年金保险两类。

普通生存保险是指在被保险人生存期间，保险人按照合同约定的金额、方式，在约定的期限内，有规则地、定期地向被保险人给付保险金的保险。

年金保险，同样是以被保险人的生存为给付条件的人寿保险，但生存保险金的给付，通常采取的是按年度周期给付一定金额的方式，因此称为年金保险。年金保险具有生存保险的特点，只要被保险人生存，被保险人通过年金保险，都能在一定时期内定期领取一笔保险金，获得因长寿所致的收入损失保障，达到年金保险养老的目的。因此，年金保险又称为养老金保险。年金保险的保费有多种缴付方式，但在被保险人领取年金以前，投保人必须缴清所有的保费。年金的含义是广义的，其保险金给付周期有 1 年、半年、1 季或 1 月等。年金保险较好地解决了老年人的生活问题，因此，各国对年金保险都十分重视。

由于很少人愿意冒在保险期满之前损失所有保险费的风险，所以，生存保险一般不会单独出售，它往往与死亡保险组合在一起，更大限度地满足大众的保险需求。

3. 生死两全保险

生死两全保险又称为生死合险，也就是无论被保险人在保险期内死亡或保险期满时仍然生存，都由保险公司依保险合同给付约定的保险金。生死合险在某种程度上较大地满足了投保者取得生命的保障和投资的愿望。

保险公司通过对死亡保险费和生存保险费的合理计算而设置的一些保险条款，也比较受投保者欢迎。比如“保险金额逐步递增”的利益，“生存金”每隔几年支付给投保者的利益，缴费期满时给付保险金额作为满期金的利益，以及死亡时给付递增保险金额的利益，60 岁前死亡除给付保险金外，还要返还保险费的利益等等。从目前市场情况看，越是能满足大众保障和投资两方面需求的险种，就越是受到欢迎。

4. 创新型人寿保险

传统险种没有充分考虑通货膨胀的影响，特别是对长期寿险而言，由通货膨胀引起的购买力下降会导致保险的保障作用明显减弱。在这种情况下，保险公司开发了具有投资功能的创新型险种，同时改变了传统寿险一成不变的做法，使得保险费、保险金额等都可以随市场利率、保险公司的投资收益等进行相应调整。这些创新型人寿保险产品主要包括分红保险、投资连结保险、万能寿险、变额寿险等，下面就一一进行介绍。

（1）分红保险

分红保险是指保险公司将其实际经营成果优于定价假设的盈余，按一定比例向保单持有人进行分配的人寿保险新产品。①

分红保险的主要特点在于：投保人除了可以得到传统保单规定的保险保障外，还可以享受保险公司的经营成果，即参加保险公司投资和经营管理活动所得盈余的分配。分红保险能够让客户参与保险公司的经营收益，同时大多数都设定了最低的分红承诺，所以对于理财投资而言是一种安全性高的投资选择。

分红保险的红利来源于死差益、利差益和费差益所产生的可分配盈余。①死差益，是指保险公司实际的风险发生率低于预计的风险发生率，即实际死亡人数比预定死亡人数少时所产生的盈余；②利差益，是指保险公司实际的投资收益高于预计的投资收益时所产生的盈余；③费差益，是指保险公司实际的营运管理费用低于预计的营运管理费用时所产生的盈余。

由于保险公司在厘定费率时要考虑三个因素：预定死亡率、预定投资回报率和预定营运管理费用，而费率一经厘定，不能随意改动。但寿险保单的保障期限往往长达几十年，在这样漫长的时间内，实际发生的情况可

① 见中国保监会的《分红保险管理暂行办法》。

能同预期的情况有所差别。一旦实际情况好于预期情况，就会出现以上差益，保险公司将这部分差益产生的盈余按一定的比例分配给客户，这就是红利的来源。

（2）投资连结保险

投资连结保险是一种融保险与投资于一身的险种，早在20世纪70年代的英国即已产生，现已成为欧美国家人寿保险的主流险种之一。传统寿险都有一个固定的预定利率，保险合同一旦生效，无论保险公司经营状况如何，都将按预定利率赔付给客户。“投资连结保险”则不存在固定利率，保险公司将客户交付的保险费分成“保障”和“投资”两个部分。其中，“投资”部分的回报率是不固定的。如果保险公司投资收益比较好，客户的资金将获得较高回报；反之，如果保险公司投资不理想，客户也将承担一定的风险。

投资连结保险可汇集客户的投资资金，通过专业投资人才的投资运作，获取规模效益和较高的回报，最后使客户受益。其可变保费的缴付方式可满足客户在不同经济状况下的不同需求。但我们也应看到，现阶段中国的投资渠道尚比较狭窄，使得保险公司乃至个人难以获得理想的投资回报。

投资连结保险除了同传统寿险一样给予保户生命保障外，还可以让客户直接参与由保险公司管理的投资活动，将保单的价值与保险公司的投资业绩联系起来。大部分缴费用来购买由保险公司设立的投资账户单位，由投资专家负责账户内资金的调动和投资决策，将保户的资金投入到各种投资工具上。投资账户中的资产价值将随着保险公司实际投资收益情况发生变动，所以客户在享受专家理财好处的同时，一般也将面临一定的投资风险。

（3）万能寿险

万能寿险指的是可以任意支付保险费以及任意调整死亡保险金给付金额的人寿保险。也就是说，除了支付某一个最低金额的第一期保险费以后，投保人可以在任何时间支付任何金额的保险费，并且任意提高或者降低死亡保险金给付金额，只要保单积存的现金价值足够支付以后各期的成本和费用就可以了。而且，万能寿险现金价值的计算有一个最低的保证利率，保证了最低的收益率。

万能寿险除了同传统寿险一样给予保户生命保障外，还可以让客户直接参与由保险公司为投保人建立的投资账户内资金的投资活动，将保单的价值与保险公司独立运作的投保人投资账户资金的业绩联系起来。万能寿险大部分保费，用来购买由保险公司设立的投资账户单位，由投资专家负责账户内资金的调动和投资决策，将保户的资金投入到各种投资工具上。万能寿险是对投资账户中的资产价值进行核算，并确保投保人在享有账户余额的本金和一定利息保障的前提下，借助专家理财进行投资运作的一种理财方式。

万能寿险具有较低的保证利率，这点与分红保险大致相同。保险合同规定交纳保费及变更保险金额均比较灵活，有较大的弹性，可充分满足客户不同时期的保障需求。既享有保证的最低利率，又享有高利率带来高回报的可能性，对理财客户具有较大的吸引力。万能寿险提供了一个人一生仅用一张寿险保单解决保障问题的可能性。弹性的保费缴纳和可调整的保障，使它十分适合进行人生终身保障的规划。

(4) 变额寿险

变额寿险是一种保险金额随其保费分离账户的投资收益的变化而变化的终身寿险。它可以有效抵消通货膨胀给寿险带来的不利影响。变额寿险可以是分红型的，也可以是非分红型的（目前国内大多属分红型的）。若分红，会承诺一个收益底限，分红资金或用来增加保单的现金价值，或直接用来减额缴清保费。变额寿险的缴费是固定的，在该保单的死亡保险金给付中，一部分是保单约定的、由准备金账户承担的固定最低死亡保险金给付额，一部分是其投资账户的投资收益额。根据每一年资金收益的情况，保单现金价值会相应地变化，因此死亡保险金给付额，即保障程度是不断调整变化的。

(5) 变额万能寿险

变额万能寿险是一种融合了保费缴纳灵活的万能寿险与投资灵活的变额寿险后而形成的新的险种。变额万能寿险遵循万能寿险的保费缴纳方式，而且保单持有人可以根据自已的意愿将保额降至保单规定的最低水平，也可以在具备可保性时，将保额提高。与万能寿险不同，变额万能寿险的资产保存在一个或几个分离账户中，这一特点与变额寿险相同。

（二）人身意外伤害保险

人身意外伤害保险是指在约定的保险期内，因发生意外事故而导致被保险人死亡或残疾，支出医疗费用或暂时丧失劳动能力，保险公司按照双方的约定，向被保险人或受益人支付一定量的保险金的一种保险。所谓意外伤害是指非本意的、外来的、不可预料的原因造成被保险人的身体遭到严重创伤的客观事件。如人们在游泳时，不幸溺水身亡属于意外事故；而在水里突发心脏病导致死亡，就不属于意外伤害，因为它是身体内部本已存在的疾病引起的。其特点一般是交费少，保障高。其保障项目有四项：

1. 死亡给付。被保险人遭受意外伤害造成死亡时，保险人给付死亡保险金。

2. 残废给付。被保险人因遭受意外伤害造成残废时，保险人给付残废保险金。

3. 医疗给付。被保险人因遭受意外伤害支出医疗费时，保险人给付医疗保险金。意外伤害医疗保险一般不单独承保，而是作为意外伤害死亡、残废的附加险承保。

4. 停工给付。被保险人因遭受意外伤害暂时丧失劳动能力，不能工作时，保险人给付停工保险金。

在人身意外伤害保险中，人身伤害必须是意外事故造成的。在这里，“意外事故”应该具备三个要素：

1. 非本意的，即被保险人未预料到的和非故意的事故，如飞机坠毁、行道树倒下等情况。有些意外事故是被保险人应该预料到的，但由于疏忽而引致的，如在停电时未切断电源修理线路，因恢复供电而触电身亡。另有一些事故虽是被保险人可以预见到的，但在客观上无法抗拒或在技术上不能采取措施避免的事故，如楼房失火，火封住门和走道，被保险人迫不得已从窗口跳下，摔成重伤；或者虽在技术上可以采取措施避免，但由于法律和职责上的规定；或者履行应尽义务，不去躲避，如银行职工为保护国家财产在与抢劫银行的歹徒搏斗中受伤。以上这些均属于意外事故。凡是被保险人的故意行为使自己遭受伤害，如自杀、自伤，均不属于意外事故。

2. 外来原因造成的，指被保险人身体外部原因造成的事故，如食物中毒、失足落水。注意：疾病所致伤害不属于意外事故，因为它是人体内部生理故障或新陈代谢的结果。

3. 突然发生的，即意外伤害在极短时间内发生，来不及预防，如行人被汽车突然撞倒。铅中毒、矽肺等职业病虽然是外来致害物质对人体的侵害，但由于伤害是逐步造成的，而且是可以预见和预防的，不属于意外事故。

意外伤害保险与人寿保险的区别在于，意外伤害保险针对的是意外事故造成的伤害或因伤害引起的残疾或死亡，人寿保险则不承保残疾，而对于造成死亡的原因也不限于意外事故。

意外伤害保险与健康保险的区别在于，意外伤害保险更重视外部原因导致的身体伤害，健康保险则侧重于被保险人内在原因而导致的疾病，即身体健康的变化。

（三）健康保险

健康保险是以人的身体为标的，当被保险人因意外事故或疾病造成残疾、死亡、医疗费用支出以及丧失工作能力而使收入损失时，由保险人给付保险金的一种人身保险。一般来说，健康保险的保险责任包括两大类：一是被保险人因意外事故或疾病所致的医疗费用损失，即人们习惯上所称的医疗保险或医疗费用保险；二是被保险人因意外事故或疾病所致的收入损失，这类健康保险被称为残疾收入补偿保险。

构成健康保险所承保的疾病风险必须符合三个条件：（1）必须是由于明显的非外来原因造成的；（2）必须是由于非先天性的原因造成的；（3）必须是由于非长存的原因造成的。

健康保险的基本类型包括两类：

1. 医疗保险。医疗保险是指提供医疗费用保障的保险。医疗费用包括医生的医疗费、手术费、住院费、护理费等。常见的医疗保险包括普通医疗保险、住院保险、手术保险、特种疾病保险、住院津贴保险、综合医疗保险等。医疗保险经常和意外伤害保险合并成意外医疗保险出售，这样的保险产品保障比较充分。

2. 残疾收入补偿保险。残疾收入补偿保险是指提供被保险人在残废、疾病或意外受伤后不能继续工作所造成的收入损失的补偿保险。残疾收入补偿保险的给付方式一般有三种：一是按月或按周给付；二是按给付期限给付；三是按推迟期给付。

二、财产保险

财产保险，是指以各类物质财产及其相关利益或责任、信用作为保险标的的一种保险。财产保险的范围，最初仅限于有客观实体的“物”，所以叫做“对物的保险”或“损害保险”。后来，随着社会经济生活的发展，财产保险的范围又扩大到了无形的财产，即与财产有关的利益、费用、责任等。

习惯上将保险标的分为有形财产、相关经济利益和损害赔偿责任三大类。因此，财产保险通常也被划分为财产损失保险、责任保险和信用保证保险。

（一）财产损失保险

财产损失保险是指狭义的财产保险，是以有形财产为保险标的的保险，如企业财产保险、家庭财产保险、机动车辆保险、船舶保险、货物运输保险、工程保险、特殊风险保险、农业保险等。

对于个人理财而言，主要的财产保险产品包括家庭财产保险、房屋保险、机动车辆保险、盗窃保险等，在进行保险规划时要特别注意。

（二）责任保险

责任保险是以被保险人依法应负的民事损害赔偿责任或经过特别约定的合同责任作为保险标的的保险。以责任保险承保的风险性状为标准，可以分为公众责任保险、产品责任保险、雇主责任保险、职业责任保险、第三者责任保险等。

（三）信用保证保险

被保证人根据权利人的要求投保自己信用的保险是保证保险；权利人要求被保证人信用的保险是信用保险。信用保证保险包括合同保证保险、忠实保证保险、产品保证保险、商业信用保证保险、出口信用保险、投资（政治风险）保险。对于个人理财规划而言，常见的是申请贷款时，如购买汽车向银行申请贷款，可以向保险公司购买汽车消费贷款保证保险作为担保。

第三节　保险规划

一、保险规划在个人理财中的作用

在我们的生活中，风险无处不在，而且将伴随我们一生，例如，自然灾害、疾病、意外伤害、战争、财产损失等。特别是随着人们生活水平的提高，人们平均寿命的不断延长，进一步促成了我们对更多人生保障的需求。因此，不断寻求保障、规避风险是人的本能。风险发生在未来，风险的发生是不确定的，但一旦发生就必然会带来损失。那么，如何来化解风险呢？方法有三种：一是独立解决（自助）；二是依靠救济（他助）；三是集合多数人的力量互助解决（互助）。保险属于第三种化解风险的方式，也是所有办法中转移和化解风险最有效、最简便易行的方法。

总而言之，风险的客观存在是保险产生和存在的自然前提，风险的发展是保险发展的客观依据。保险就是以小钱防范风险，以确定的支出防范不确定的风险，从而更稳定地规划和管理个人和家庭财务（见图6-2）。

所以，与其大家提心吊胆地过日子，不如集合起来将这些集中的、不

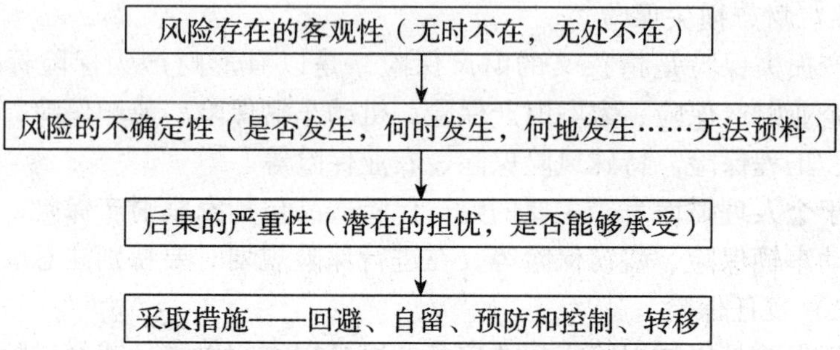

图 6-2　人们为什么会购买保险——趋利避害，分摊损失

确定的巨额经济损失变为经常性的、小额的保费支出，由集体成员共同分摊（化大为小，化集中为分散，化不确定为确定）。此时，少数遭受损失的人的损失就由未遭受损失的人来分摊。

保险规划是个人理财的一个部分，它就是针对人生中的风险，主要包括死亡风险、残疾风险、医疗风险、养老风险以及财产风险等，定量分析保险需求额度，并做出最适当的财务安排，避免风险发生时给生活带来的冲击，达到财务自由的境界，从而拥有高品质的生活。保险规划的目的就在于通过对个人经济状况和保险需求的深入分析，帮助自己选择合适的保险产品并确定合理的期限和金额，免除财务上的后顾之忧。具体而言，保险规划有两层意思：

第一就是利用保险产品的保障功能，来管理理财过程中的人身风险，保证理财规划的进行。这一点不仅必需，而且非常有效。比如我知道有一些人不认同保险，同时也知道他们中的很多都持有大笔存款，因为要“以防万一”，这笔钱既然不敢花，其实就像是自己给自己做的保险。如果他们到保险公司投保，其实远用不了那么多钱，就可以得到同样的保障。多出来的流动资金，可以投入到其他金融产品中，创造更多收益，这样在总体上更有效率。

第二就是保险本身附带的理财功能。近年来，保险公司设计出很多新产品，可以在保障功能的基础上，实现保险资金的增值。相对于其他金融产品，因为其风险很低，所以收益总体来说比不上基金、股票，但是非常稳定。也正因为如此，它特别适合那些对金融市场并不熟悉或者工作繁忙、没时间打理自己的投资的人。

二、保险规划的原则

个人参加保险的目的就是为了个人和家庭生活的安全稳定。从这个目的出发，我们在投保时应主要掌握以下原则：

1. 根据需求购买。投保是为了转移风险，在发生保险事故时可以获得经济补偿。从这个原则出发，必须首先分析个人和家庭的主要风险是什么，怎样合理地把这些风险转嫁给保险公司，根据需要保障的范围来考虑购买的险种。

2. 量力而行。保险是一种契约行为，属于经济活动范畴，投保人必须支付一定的费用，即以保险费来获得保险保障。投保的险种越多，保障范围越大，保险金额越高，保险期限越长，需支付的保险费也就越多。因此，投保时要根据自己的经济实力量力而行，既要使经济能长时期负担得起，又能得到应有的保障。

3. 足额投保。保险计划中，投保金额是个设计重点，它代表了所获得的保险保障的数量，是保险人赔付保险金的最高限额，只有足额投保才能在事故发生时获得完全的经济补偿。

4. 重视高额损失。买保险的主要目的是预防那些重大的、自己无法承受的损失，所以投保时应优先投保那些可能会带来高额损失的险种。

5. 综合投保。如果你准备购买多项保险，应尽量以综合方式投保。综合投保可避免各单独保单间可能出现的重复，从而节省保费，得到较大的费率优惠。

三、保险需求分析

保险规划就是从个人的实际情况出发，通过分析个人经济状况，根据实际的风险保障需要来制订保险计划。因此，了解自己的保险需求就成为保险规划的前提条件，人生不同阶段的保险需求是不一样的（见表6-3）。

在制订保险计划时，首先要回答的问题是我需要保险吗，我需要什么样的保险产品，我需要多少保险保障。保险是每一个人都需要的，在回答我是否需要保险这个问题时，要先从实际问题的分析上入手。在制订保险计划时要先有资金，个人的资金要先满足一些必需的用途后才能考虑到保险的需求，同时，由于实际情况不同，保险的需求也会不同。例如，在干燥季节会比在潮湿季节更需要火灾保险；在江边的人会比在高山上的人更需要洪水保险；在恶劣条件下生活的人会比在优越条件下生活的人更需要医疗保险。当我们综合考虑了自己的情况后，我们就知道自己是否需要保险了。

表6-3　　人生不同阶段的保险需求分析

人生阶段	特点	保险需求分析
单身期：一般为2～5年，从参加工作至结婚的时期	经济收入比较低且花销大。这个时期是未来家庭资金积累期。年纪轻，主要集中在20～28岁，健康状况良好，无家庭负担，收入低，但稳定增长，保险意识较弱	保险需求不高，主要可以考虑意外风险保障和必要的医疗保障，以减少因意外或疾病导致的直接或间接经济损失。保费低、保障高。若父母需要赡养，需要考虑购买定期寿险，以最低的保费获得最高的保障，确保一旦有不测时，用保险金支持父母的生活
家庭形成期：从结婚到新生儿诞生时期，一般为1～5年	这一时期是家庭的主要消费期。经济收入增加而且生活稳定，家庭已经有一定的财力和基本生活用品。为提高生活质量往往需要较大的家庭建设支出，如购买一些较高档的用品，贷款买房的家庭还须一笔大开支——月供款。夫妇双方年纪较轻，健康状况良好，家庭负担较轻，收入迅速增长，保险意识和需求有所增强	为保障一家之主在万一遭受意外后房屋供款不会中断，可以选择交费少的定期险、意外保险、健康保险等，但保险金额最好大于购房金额以及足够家庭成员5～8年的生活开支 处于家庭和事业新起点，有强烈的事业心和赚钱的愿望，渴望迅速积累资产，投资倾向易偏于激进。可购买投资型保险产品，规避风险的同时，又是资金增值的好方法
家庭成长期：从小孩出生到小孩参加工作以前的这段时间，一般18～22年	家庭成员不再增加，整个家庭成员的年龄都在增长。这一时期，家庭的最大开支是保健医疗费、学前教育、智力开发费用。理财的重点适合安排上述费用。同时，随着子女的自理能力增强，年轻的父母精力充沛，时间相对充裕，又积累了一定的社会经验，工作能力大大增强。在投资方面，可考虑以创业为目的，如进行风险投资等。夫妇双方健康状况良好，家庭成员增加，家庭和子女教育的负担加重，收入稳定增长，保险意识增强	在未来几年里面临小孩接受教育的经济压力。通过保险可以为子女提供经济保证，使子女在任何情况下都能接受良好的教育。偏重于教育基金、父母自身保障。购车买房对财产险、车险有需求

续表

人生阶段	特点	保险需求分析
家庭成熟期：指子女参加工作到家长退休为止这段时期，一般为 15 年左右	这一阶段里自身的工作能力、工作经验、经济状况都达到高峰状态，子女已完全自立，债务已逐渐减轻，理财的重点是扩大投资 夫妇双方年纪较大，健康状况有所下降，家庭成员不再增加，家庭负担较轻，收入稳定在较高水平，保险意识和需求增强	人到中年，身体的机能明显下降，在保险需求上，对养老、健康、重大疾病的需求较大。同时应为将来的老年生活做好安排。进入人生后期，万一风险投资失败，会葬送一生积累的财富，所以不宜过多选择风险投资的方式。此外，还要存储一笔养老金，且这笔养老金应是雷打不动的。保险作为强制性储蓄，累积养老金和资产保全，也是最好的选择。通过保险让您辛苦创立的资产完整地留给后人，才是最明智的。财产险、车险的需求必不可少
退休期	这段时期的主要内容应以安度晚年为目的，理财原则是身体、精神第一，财富第二。那些不富裕的家庭应合理安排晚年医疗、保健、娱乐、锻炼、旅游等开支，投资和花费有必要更为保守，可以带来固定收入的资产应优先考虑，保本在这一时期比什么都重要，最好不要进行新的投资，尤其不能再进行风险投资 夫妇双方年纪较大，健康状况较差，家庭负担较轻，收入较低，家庭财产逐渐减少，保险意识强	在 65 岁之前，通过合理规划，检视自己已经拥有的人寿保险，进行适当的调整

在知道了自己是否需要保险后就要确定自己需要什么样的保险。前面分析了不同阶段保险需求的不同，保险种类的不同还依赖于自己的财产种类和财产状况，没有汽车的人当然是不需要汽车保险的。同时，同一项财产由于面临的风险不同也会带来对保险产品需求的不同。例如，汽车面临着意外损坏或被盗的风险，这时，投保人就要考虑是选择车辆损失保险还是全车盗窃保险，或者两种保险都选择。投保人要准确判断自己准备投保的保险标的的具体情况，如风险的种类、风险发生的概率、风险发生时造

成的损失的大小，来综合判断分析，根据自己的实际情况来选择合适的保险产品。

需要多少保险对于财产保险来说比较容易计算。依据损失补偿原则，保险金额等于保险标的的价值就可以很好地对损失进行补偿了。投保人也可以根据自己的需要选择保险金额，而不一定要全额保险。所以，在财产保险上，个人的选择比较自由，只要保险金额不超过保险标的的实际价值，投保人可以任意选择自己需要的保险金额。

四、保险规划的主要步骤

保险规划的具体步骤可以分为五步（如图 6-3 所示）。

确定保险需求 → 选择保险产品 → 确定保险额度 → 确定保险期限 → 选择保险公司

图 6-3　保险规划的步骤

（一）确定保险需求

首先要确认和分析自己面临的潜在风险。前面已经说过，保险是风险处理技术的一种方法，只有在对潜在的风险成功识别的前提下，才能够有的放矢地去确定自己的保险需求。

其次是确认自己的保险需求，包括三个方面的内容：一是确认自己可利用的保障方式，即对于面临的潜在风险，要分析其相应的处理方法有无多种选择；二是确认自己要投保的风险，即在前述分析后，决定将要通过保险方式来处理的风险；三是要估算可用来投保的资金，应当考虑好维持现时生活与获得风险保障这二者之间的平衡。

最后是确定投保的对象。在这一步中，有两个最关键的地方要搞清楚，即确定保险标的和保险利益。保险标的是指作为保险对象的财产及其相关利益，或者人的身体和生命，比如汽车保险的保险标的就是汽车，人寿保险的保险标的就是人的生命。投保人可以以本人、与本人有密切关系的人、所拥有的财产以及相关利益等作为保险标的。只有确定了保险标的，才能有针对性地选择相应的保险产品进行投保。保险利益是指投保人或被保险人对投保标的所具有的法律上承认的利益。法律一般规定，投保人对保险标的应当具有保险利益。投保人对保险标的不具有保险利益的，保险合同无效。保险标的与保险利益互为表里、互相依存，保险标的是保险利益的有形载体，保险利益是保险标的的经济内涵，也是投保人转嫁风险的经济额度，同时也是保险人确定其承担最高责任限额的重要依据。

❀ 资料6-2

常见的五大保险误区

【误区一】只给孩子保不给大人保

典型事例：刚为人父不久的小王昨天兴冲冲地为儿子办了两份保险，一份是健康医疗险，一份是教育储蓄险，一年共需交保费4 000多元。小王在事业单位上班，一个月收入不到4 000元，妻子在一家私企上班，怀孕后不久就把工作辞了，因此这笔保费对夫妻二人来说是个不小的数目。小王说，我挣得不多，我和妻子都没办保险，但不能委屈了孩子。

专家点评："孩子当然重要，但小王的做法并不科学，这实际上是个误区。"中国人寿保险公司沈阳分公司讲师姜颖说，现在每家就一个宝贝，很怕委屈了孩子，所以孩子刚一出生，就急着给孩子办这个保险那个保险。给孩子办保险当然是好事，但据了解，因为经济条件或观念原因，很多家长自己都没有保险，这就走进误区了。我们知道每个家庭的支柱是大人、是父母，一旦他们因意外、疾病等丧失工作能力或失去收入的时候，家庭就将陷入困境。因此，家庭保险有个原则就是：先大人后孩子，先经济支柱后其他成员。家长平安健康才能给家庭一份平安，至于选什么样的保险可根据经济能力和需要选择。

【误区二】进行保险不如积极储蓄

典型事例："我的原则就是年轻时拼命赚钱存钱，到老那就是我的'保险'。"吴先生是某外贸公司的业务经理，年薪20多万元，还房贷、养车、养孩子……月支出近万元。他的妻子是学音乐的，目前没有正式工作，偶尔在外边业余培训中心给人上点课。据吴先生说，他现在有点存款，都用来投资了，他、妻子、孩子都没办保险。"我主要是觉得保险没有太大的实际意义，纯消费型的，出事的几率毕竟很少，养老的、教育的，觉得就类似储蓄，没多大意思。"

专家点评："这是一个很典型的错误认识。"姜颖讲师说："其实，保险最重要的作用是保障功能，对于经济不很宽裕的人来说，保险解决万一发生不幸，收入突然中断时的经济来源问题，而对于有钱的人，保险的作用主要是保全其已拥有的财产。假如一次重病花掉您10万元，就算您的财力没有问题。但是，如果您投保了重疾险，可能只需花费几千元就可以解决这个问题了，那你不就省下9万多元嘛。还有家财险，一年投入两三百元钱，就能在家庭财产遭受意外损失（保险责任范围内的）时，得到一份补偿。”

姜颖讲师还介绍说，现在的一些险种，都设有保费豁免条款，也就是说，当投保人因意外伤害事故身故或全残时，可以不再继续交纳保费，仍可享受保障，如各保险公司的少儿教育保险等。“记住一点，相对储蓄而言，保险能以较小的费用换取较大的保障，一旦保险事故发生时，保险可提供的保障，是远超过你的保费投入的。”

【误区三】买保险不为保障为投资

典型事例：“我买了一份保险，可划算了，交20年，一年交8 040元，每三年就返款9 000元……”吴女士很喜欢向朋友们介绍自己的理财经验，这回她在向朋友推荐自己刚买的保险。吴女士说，她以前也没买过什么保险，但现在条件好了，手里有余钱了，就也想买点保险，就当投资了。

专家点评：“不评价这个保险产品的好坏，吴女士的这种观念是不对的。虽然，目前很多保险产品具有储蓄和保障双重功能，但更重要的还是保障功能。百姓投保也应更重视保障。”天安保险股份有限公司业务管理部史利滨经理说，注重保险的投资功能必然偏重于人寿险的投资，而忽略人身意外险、健康险、财险等的投资，这是保险市场不成熟的表现。

一般来讲，人寿险的保费相对较高，有了灾难保障作用却相当有限。但很多人都像吴女士一样，不愿意投保消费型的纯保障类保险，更愿意投保一些返还型的产品。其实消费型保险一般保费都不高，但保障作用却很强，当然由于保险事故只是可能发生而不是肯定发生，因此让许多人认为是白搭，不愿意投保。但要知道，保险预防的就是意外，一旦发生保险事故，保险才真正发挥保障、救急和弥补损失的作用。“希望越来越多的人了解保险，让人们都过上有保障的生活。”史利滨经理最后表示。

【误区四】买得多就一定会赔得多

典型事例：刘太太的女儿、女婿出国了，把房子交给她代为照看。刘太太经常过去看看，但还是不放心，于是她去为女儿投保了家财险。室内装修、家用电器都保了，盗抢的、火灾的，还有自来水破裂的……“能保的我几乎都保了，万一出事时就能得到更多的赔偿，我不但保得全，保额也都保得高，这下可安心了。”为女儿办完保险，刘太太满心高兴。

专家点评：“家财险保额并非越高越好，因为真正理赔时，保险公司是按财产的实际价值和损失程度确定赔偿金额。所以，在投保时，如果超过财产实际价值确定保险金额，只是浪费保费。”史利滨经理如此表示。

另外，史利滨经理还介绍说，除了家财险外，像寿险中的住院医疗，车险中的车损险、盗抢险等都属于多买不多赔的险种。投保这些险种时，不宜把保额估得过高，免得浪费保费；也不宜过低，免得一旦发生保险事故时得不到全额赔付。

【误区五】不细看条款只信代理人

典型事例："明明说是从15岁到21岁返钱，咋变成了18岁到21岁？"在某广告公司工作的李女士，上个月为女儿投保了一款少儿两全保险，由于保险代理人是她的邻居，因此，李女士当时也就没太细看条款，可事后她无意中一看，立即产生了一个大大的疑问，她马上找到了代理人询问。原来，该保险产品有三种返款方式供选择，其中一种是从15岁到21岁每年都返，一种是15岁到17岁，再有一种就是18岁到21岁，经过计算和衡量，代理人为李女士选择了18岁到21岁返款。因为返款数是按已交保费总额的一定比例确定的，因此，选择18岁到21岁返款并不比15岁到21岁吃亏。经过代理人的解释，李女士虽然安心了，但还有点后悔，觉得当时自己就应该把保险合同条款都细看一遍。

专家点评："所有投保人都应该记住的一条就是，要细看合同条款，而且不明白的一定要问个明白。"史利滨经理说，现在很多投保人都或多或少地依赖代理人，不愿细看保险合同，其实这是有风险的。因为，从目前来看，保险代理人队伍的素质还是参差不齐的，有时可能会出现误解合同条款或故意误导投保人的情况，因此投保人在签合同前一定要看清每一个条款，特别是要看清保险责任范围和责任免除条款，全部认可后再签合同付款。千万不能只听代理人的介绍和解释，就稀里糊涂地签了合同，以免利益受损。

（二）选择保险产品

人们在生活中面临的风险主要可以归纳为人身风险、财产风险和责任风险。而同一个保险标的，会面临多种风险。所以，在确定保险需求和保险标的之后，要从众多保险产品中选择在功能和价格上都满足需要的保险产品，前面已经对市场上的保险产品进行了详细介绍。

比如对人身保险的被保险人而言，他既面临意外伤害风险，又面临疾病风险，还有死亡风险等。所以，投保人可以相应地选择意外伤害保险、健康保险或人寿保险等。而对于财产保险而言，同一项家庭财产也会面临不同方面的风险。比如汽车，面临着意外损毁或者是失窃的风险，这时投保人可以相应地选择车辆损失保险、全车盗抢保险，或者是二者的组合。

投保客户只有在专业人员的帮助下，准确判断自己准备投保的保险标的的具体情况（比如，保险标的所面临的风险的种类，各类风险发生的概率，风险发生后可能造成损失的大小，以及自身的经济承受能力），进行综合判断与分析，才能选择对自己合适的保险产品，较好地回避各种风险。

在确定购买保险产品时，还应该注意合理搭配险种。投保人身保险可以在保险项目上进行组合，如购买一个至两个主险附加意外伤害、重大疾病保险，使人得到全面保障。但是，在全面考虑所有需要投保的项目时，还需要进行综合安排，应避免重复投保，使用于投保的资金得到最有效的运用。这就是说，如果投保人准备购买多项保险，那么就应当尽量以综合的方式投保，因为这样可以避免各个单独保单之间可能出现的重复，从而节省保险费，得到较大的费率优惠。

（三）确定保险额度

在选择好保险产品之后，就需要确定保险额度了。保险额度是当保险标的的保险事故发生时，保险公司所赔付的最高金额。一般说来，保险额度的确定应该以财产的实际价值和人身的评估价值为依据。

财产的价值比较容易计算。对一般财产，如家用电器、自行车等财产保险的保险额度由投保人根据可保财产的实际价值自行确定，也可以按照重置价值即重新购买同样财产所需的价值确定。对特殊财产，如古董、珍藏等，则要请专家评估。购买财产保险时可以选择足额投保，也可以选择不足额投保，由于保险公司的赔偿是按实际损失程度进行赔偿的，所以一般不会出现超额投保或者重复投保。一般说来，投保人会选择足额投保，因为只有这样，当万一发生意外灾难时，才能获得足额的赔偿。如果是不足额投保，一旦发生损失，保险公司只会按照比例赔偿损失。比如价值20万元的财产只投保了10万元，那么如果发生了财产损失，保险公司只会赔偿实际损失的50%。也就是说，如果实际财产损失是10万元，投保人所获得的最高赔偿额只能是5万元，这样会使自己得不到充分的补偿，从而不能从购买保险产品中得到足够的保障。

理论上，人的价值是无法估量的，因为人是一种社会性生物，其精神的内涵超过了其物质的内涵。但是，仅从保险的角度，可以根据诸如性别、年龄、配偶的年龄、月收入、月消费、需抚养子女的年龄、需赡养父母的年龄、银行存款或其他投资项目、银行的年利率、通胀率、贷款等，计算虚拟的“人的价值”。在保险行业，对“人的价值”存在着一些常用的评估方法，如生命价值法、财务需求法、资产保存法等。需要注意的是，这些方法都需要每年重新计算一次，以便调整保额。因为人的年龄每年在增大，如果其他因素不变，那么他的生命价值和家庭的财务需求每年都在变小，其保险就会从足额投保变成超额投保。如果个人的收入和消费逐年增长，那么其价值就会逐渐增大，原有保险就会变成不足额投保。

（四）确定保险期限

可以根据自己的实际情况来选择适合的保险时间跨度和交纳保费的期限。根据保险合同，保险公司在约定的时间内对约定的保险事故负保险责任，这一约定时间就成为保险期限。

首先是选择合适的保险期限。财产保险期限通常为1年，期满可以续订；人身保险期限分为短期、专期、终身无定期等。保险期限以日历年月日计算，其开始时间与合同成立时间相同，但经当事人的特别约定也可以在合同成立之前开始，称为追溯保险，或在合同成立之后开始，即附期限、附条件的保险。保险期限通常以约定起保日的零时开始，到约定期满日的24时为止。保险期限也可以按事项的始末存续期间计算，如运输险按航程计算，建筑安装工程险从工程施工之日始至预约验收之日止。投保人应根据需求来选择，如财产保险的保险期限一般是1年，但如家用电器距使用报废时间仅有半年，则可选择投保6个月的保险期限。

其次是选择合适的缴费时间。目前购买保险时，保费的缴付方式较为灵活，可以采取一次性缴清（即趸缴），也可以用逐年分期的形式来缴清（年缴、限期年缴）。当限期年缴时，各家保险公司一般提供有5年、10年和20年等多种缴费期限。至于具体购买时，选用哪种缴费方式，主要是根据投保人的经济收支状况、承受能力，以及投保人所追求的付出与保障的需求比而定。

（五）选择保险公司

在这一步，应该权衡各家公司和产品的优劣，作出一个满意的决定，最终确定一个综合最优的保险方案。需要指出的是，保险并非即时消费的商品，真正能发挥作用是在未来发生保险事故造成损失的时候，所以认真阅读保险条款是非常重要的，最关键的是保险公司的售后服务以及理赔声誉，因为这是及时获得保险赔偿的基础。

随着我国金融业的发展，各种保险公司如雨后春笋般现身市场，其中既有国有保险公司，又有股份制保险公司和外资保险公司，使得投保人有了很大的选择余地，但同时也面临着更多的困惑，应该怎样选择保险公司呢？可以从以下几方面来衡量：

1. 资产结构好。在保险业，能否上市或者能否整体上市是评价一家保险公司整体资产是否优良的标志之一。所谓“整体上市”是指以公司的全部资产为基础上市，如果某家保险公司实现了整体上市，就证明该公司整体结构良好。目前，内地不少保险公司已经上市或者具备了上市条件。

2. 偿付能力强。保险公司的偿付能力对保险消费者来说至关重要。2003 年 3 月起施行的《保险公司偿付能力额度及监管指标规定》对保险公司的偿付能力额度作出了明确的规定，保险公司应于每年 4 月 30 日前将注册会计师审计的上一会计年度的偿付能力额度送达保险监督管理委员会，根据保险监督管理委员会的规定，对偿付能力额度进行披露。

3. 信用等级优。国际上有不少专门对银行、保险公司等金融机构信用等级进行评估的机构，如美国的穆迪公司、标准普尔公司等，它们对保险公司的评级可以作为评价保险公司信用等级的一个参考。

4. 管理效率高。保险公司管理效率的高与低，决定着该公司的兴衰存亡。管理效率可从公司产品创新能力、市场竞争能力、市场号召能力、公司盈利能力、公司决策能力、公司应变能力、公司凝聚能力等方面衡量。

5. 服务质量好。保险与其他商品不同，不是一次性消费，保险合同生效的几十年间，保户经常就多方面的事情需要保险公司提供服务，如缴费、生存金领取、地址变更、理赔等。保户能否成为保险公司的上帝，享受上帝待遇，开开心心接受保险的关怀，保险公司的服务质量是关键。

另外，现在保险公司大多通过保险代理人开展业务，所以对保险代理人也要进行考察。一是从业资格，保险代理人必须考取“保险代理人从业资格证书”，并获得所属保险公司的“展业证”。二是专业水平，主要是看保险代理人对保险知识和保险产品的熟悉程度。三是真诚和责任感，这主要表现为保险代理人的人性一面，真正为客户着想的代理人会从客户的利益和需要出发，不会因为自己利益而隐瞒事实或欺骗客户。四是从业时间的长短，保险代理是一个流动性很大的行业，如果因为保险代理人离职而成为“孤儿保单”，虽然保障利益不会受损，但服务可能会受影响。一般从业时间较长的保险代理人，稳定性较好，从他那里得到的服务也较有保障。

❀ 资料6–3

小王买保险的故事

首先，让我们来一起认识一下我们故事的主人公小王。

小王，男，30岁，家有妻子孩子，儿子1岁。

25岁时的小王生活得很自由，爬山、旅游，享受青春。后来小王认识了女朋友，结婚了，一个人的生活变成了两人世界，一个人的健康平安也同时成为了对另一个人的责任，小王不抽烟了，也不从事危险活动了，两个人一起为小家庭的未来打拼。再后来，儿子出生了，小王从两人世界又变成了三口之家，开始更深地体会到对家庭和生活的责任。

小王为了增加家庭收入，打了份工，工作非常繁忙，经常加班。刚做爸爸的小王，作为家庭支柱深深地体会到家庭平安的重要性，也体会到为孩子创造一个更好的未来的责任。这些都使小王更加认识到购买保险的意义……所以，小王要买保险了！

其实，在我们的身边，有千千万万个小王、小李、小张，我们每一个人都和小王一样，心怀着对家庭深深的爱和责任，努力打造一个美好的未来。我想，小王购买保险的经历一定会对大家都有所启发。

第一步：确定保险需求。

在决定要购买保险之后，小王问的第一个问题就是："我最需要买什么保险?"

初步了解之后，小王知道，人的保险需求基本可以分为六大类：健康、意外、子女教育、养老、投资、保障。但和大部分消费者一样，小王也并不清楚自己此时此刻最需要买什么保险。

很多业务员在见了小王一面、问了一两句家里的情况之后，就会告诉他：你最需要养老，或者你最需要投资，然后就开始为小王介绍产品，这些都无法让小王信服。他觉得，只有对他的家庭全面情况有一个科学、系统的了解和分析，才能更准确地帮他判断他此时最需要的保险是什么。

小王的这种想法是非常正确的。专家告诉小王：其实六大保险需求人人都有，但是，由于不同的个人和家庭在不同阶段所面临的风险不同，我们对各类保险的需求程度也是不同的。确定保险需求的意义，就在于把我们的钱有效地投入到保障目前我们最大、最重要的风险上。

专家还告诉小王，有很多因素都会影响对小王家庭风险状况的评估和需求优先程度的分析，例如，年龄、家庭状况、工作状况、身体状况、生活方式、收支情况、目前拥有的保险情况等。通过专业、系统的需求分析方法的支持，小王才能真正找到目前最需要购买的一个或几个保险需求。

第二步：选择保险公司。

在确定自己最需要购买的保险之后，小王的第二个问题是："这么多保险公司，哪家最好？怎么着手进行挑选呢？"

市场上现有的保险公司，小王随便掰着手指头一数，就数出来十几家：中国人寿、平安、友邦、太平洋、信诚、中英、瑞泰……有中资的、外资的，有历史悠久的，有刚进入中国的……到底哪家是最适合我的保险公司？比较保险公司的时候，应该比较哪些因素呢？小王又开始挠头了，他决定再去请教专家。

专家告诉小王：在购买不同保险时，应该考虑和侧重的保险公司因素也不同。比如说，如果购买保障险，理赔可能是几十年以后的事，这时候消费者可能更应该看重的是保险公司的财务稳健和实力；而如果购买医疗险，经常需要报销医药费，消费者应该更看重保险公司的服务水平，是否能够为我们提供及时、高效的优质服务。

专家还告诉小王：在确定了自己更看重保险公司的哪些因素之后，消费者还需要了解，各家保险公司在这些因素上的表现如何。例如，哪家保险公司的服务最好？在这方面，仅靠自己的力量进行了解和比较，对小王来说是很困难的。他需要获得专业并且中立的分析机构的支持，从而在各家保险公司之间进行综合比较和排序，做出最明智的选择。

第三步：选择保险产品。

小王知道，保险产品的选择是五部曲里最复杂的一步。以购买保障产品为例，小王稍作问询，就从各家保险公司的业务员那里得到了十几个不同保障产品的保险计划。从哪里入手进行比较呢？到底哪家保险公司的保障产品才是最适合小王的呢？

小王觉得，保险产品和其他产品一样，都应该从功能和价格两方面进行比较。他希望选择满足自己保障功能需求，并且性价比最优的保险产品。小王以前也听说过身边的朋友买保险的遭遇，买的时候说得都很好，理赔的时候才发现，其实条款里写了不赔，但业务员没讲，客户自己也没看出来。所以，小王决定要认真仔细地比较和挑选一款最适合自己的产品。但是，一比较，小王就头大了，保险产品的条款很复杂，很难看懂，功能不一样，价格也不一样，怎么比呢？

专家告诉小王：保险产品保障功能繁杂，并且相互之间存在差异，不能简单对比。另外，保险产品是复杂金融产品，费率由产品保障功能和精算假设确定，也不能直接对比。

有的业务员会说：你看我的产品功能更全面，所以我的好。这种说法不成立，因为客户可能会为多出来的功能多付费，而多出来的功能不见得是客户最需要的。有的业务员则会说：你看同样都是1万元的保额，我的产品只用交1 000元，其他产品需要1 500元，所以我的好。这种说法也不成立，因为同样保额不代表同样保障利益。

因此，保险产品的比较，需要首先明确客户的保障功能需求，才能进行性价比的比较。而通过专业分析方法的辅助和支持，小王是完全可以自己衡量并且选择自己的具体保障需求的，比如保障期间，是否需要到期返还，是否需要高残责任，是否需要分红等等。

在性价比的比较方面，小王非常认同专家说的一句话：保险产品没有绝对最优，只有相对最优。不同产品对不同年龄客户而言，性价比也不同。保险产品的分析和排序需要依靠专业的计算和比较方法，而非业务员的一面之词。

第四步：综合确定保险方案。

完成保险公司和产品的选择和分析之后，小王需要综合考虑两方面的分析结果，选择综合最优的保险方案。在这一步，小王需要回答：在公司和产品之间，我更看重哪方面？就像去餐馆吃饭一样，我是更看重餐馆的就餐环境和服务，还是菜品的口味和质量？

第五步：确定保险购买额度。

确定了保险方案之后，小王的最后一个任务就是确定自己要购买多少保险。

一般情况下，业务员都会建议小王，要不你先买5万元？或者要不你买10万元？但小王觉得，买多少其实最关键的在于我需要多少。也就是说，如果发生了风险，我需要多少钱才能化解风险、保证家人正常生活质量？

专家非常赞同小王的想法，并且告诉他：购买额度也是从需求出发的，而需求是可以被测算的。针对13类保险产品类别，有13套购买额度测算公式，通过这些专业测算方法的支持，小王可以清楚地测算自己究竟需要多少保障。

另外，小王还应该考虑自己的实际购买力，也就是说通过合理安排自己的家庭收支情况，确定自己有多少资金可以用来投资购买保险产品。

通过对保险购买额度需求和实际购买力的合理的权衡和兼顾，小王就可以确定自己目前需要的实际保险购买额度了。

以上就是小王买保险的故事。通过对五部曲中每一步的思考、分析和专家的帮助，小王意识到，他最需要获得的是一种完全中立的、专业的、代表客户利益的保险咨询服务，帮助他就保险购买的每一步中的问题进行专业的分析，从而挑选最能满足他需要并且性价比最优的保险方案。

资料来源　骆祖金．保险应该怎么买：科学购买五步曲［EB/OL］．［2005-08-11］．http：//money. business. sohu. com.

第七章　税收筹划

第一节　税收的基本知识

一、税收的概念

税收是国家为实现其职能，凭借其政治权力，依法参与单位和个人的财富分配，强制、无偿地取得财政收入的一种形式。

（一）税收的特征

1. 强制性，指国家或地区政府用法律、法规等形式对征收捐税加以规定，并依照法律强制征税。

2. 无偿性，指国家征税后，税款即成为财政收入，不再归还纳税人，也不支付任何报酬。

3. 固定性，指在征税之前，以法的形式预先规定了课税对象、课税额度和课税方法等。

（二）基本术语

1. 征税对象，即对什么东西征税，是征纳税行为所涉及的客体或标的物，如个人所得税的征税对象就是个人收入。

2. 税目，即征税对象的具体内容，是在税法中对征税对象分类规定的具体征税品种和项目，如消费税规定了烟、酒等 11 个税目。

3. 纳税环节，主要指税法规定的征税对象在从生产到消费的流转过程中应当缴纳税款的环节，如流转税在生产和流通环节纳税，所得税在分配环节纳税等。

4. 税率，是对征税对象的征税比例或征税额度。税率是计算税额的尺度，也是衡量税负轻重与否的重要标志。我国现行的税率主要有：

（1）比例税率，即对同一征税对象，不分数额大小，规定相同的征收比例。我国的增值税、营业税、资源税、企业所得税等采用的是比例税率。

（2）超额累进税率，即把征税对象按数额的大小分成若干等级，每一等级规定一个税率，税率依次提高，但每一纳税人的征税对象则依所属等级同时适用几个税率分别计算，将计算结果相加后得出应纳税款。目前采用这种税率的有个人所得税等。

（3）定额税率，即按征税对象确定的计算单位，直接规定一个固定的税额。目前采用定额税率的有资源税、车船税等。

（4）超率累进税率，即以征税对象数额的相对率划分若干级距，分别规定相应的差别税率，相对率每超过一个级距的，对超过的部分就按高一级的税率计算征税。目前，采用这种税率的是土地增值税。

5. 纳税期限，是指纳税人按照税法规定缴纳税款的期限。比如，企业所得税在月份或者季度终了后 15 日内预缴，年度终了后 4 个月内汇算清缴，多退少补；营业税的纳税期限分别为 5 日、10 日、15 日或者 1 个月。纳税人的具体纳税期限，由主管税务机关根据纳税人应纳税额的大小分别核定，不能按照固定期限纳税的，可以按次纳税。

6. 纳税地点，主要是指根据各个税种纳税对象的纳税环节和有利于对税款的源泉控制而规定的纳税人（包括代征、代扣、代缴义务人）的具体纳税地点。

二、税收的种类

（一）按照课税对象

税收按照课税对象不同分为流转税、所得税、财产税、资源税和行为税。

现行流转税主要包括增值税、消费税、营业税、关税等；所得税主要包括企业所得税、个人所得税；财产税主要包括房产税、车船税、城镇土地使用税等；资源税则分为一般资源税和级差资源税；行为税包括城市维护建设税、印花税、耕地占用税、契税、土地增值税等。

（二）按照征收管理体系

税收按照征收管理体系不同分为工商税、关税以及农业税。

工商税具体包括增值税、消费税、营业税、资源税、企业所得税、个人所得税、城市维护建设税、房产税、城市房地产税、车船税、土地增值税、城镇土地使用税、印花税等税种，其占税收总额的比重超过 90%，一般由税务机关负责征收管理。

关税以进出境的货物、物品为课税对象。

农业税主要是指农（牧）业税（包括农业特产税）、耕地占用税和契税。

（三）按照税收管理和使用权限

税收按税收管理和使用权限不同可分为中央税、地方税、中央与地方共享税。中央税是指税收管理和使用的权限在中央的各种税，如消费税等；地方税是指税收管理和使用的权限在地方的各种税，如房产税、车船税等；中央与地方共享税是指税收管理和使用权限属于中央和地方政府分享的各个税种，如增值税等。

以上分类归纳如图 7-1 所示。

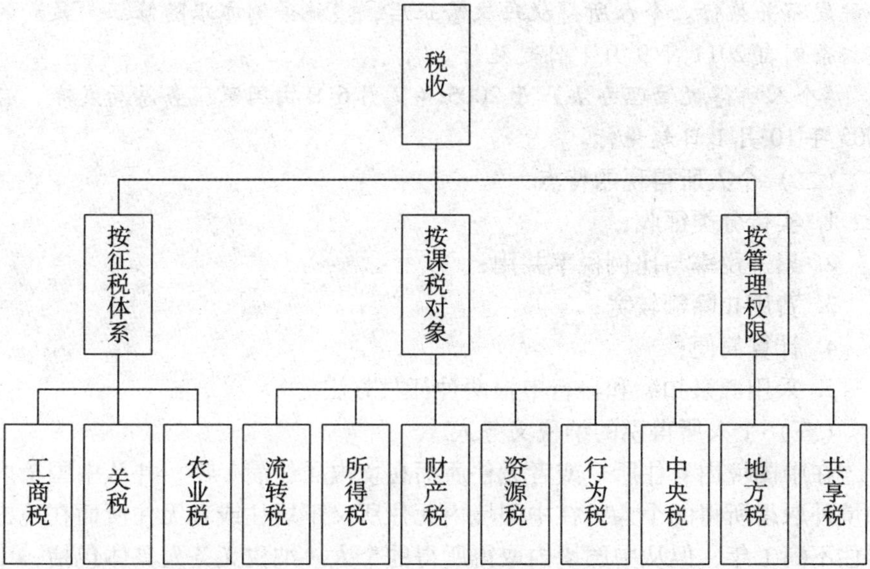

图 7-1　税收的种类

对于个人理财而言，涉及的税种包括个人所得税、车辆购置税、车船税、契税、印花税等，如果办企业、开餐馆、搞运输或从事其他生产经营活动，根据具体经营内容和场所情况，还应该分别缴纳增值税、消费税、营业税、资源税、城建税、房产税、城镇土地使用税、印花税等，其中最主要的就是针对个人收入征收的个人所得税，本章以下内容即针对个人所得税展开。

三、个人所得税概述

（一）概念

个人所得税是对个人（自然人）取得的各项应税所得征收的一种税。

❀ 资料 7-1

我国关于个人所得税的法律法规

《中华人民共和国个人所得税法》于 1980 年 9 月 10 日由第五届全国

人民代表大会第三次会议通过。其后，1993 年 10 月 31 日第一次修正，1999 年 8 月 30 日第二次修正，2005 年 10 月 27 日第三次修正，2007 年 6 月 29 日第四次修正，2007 年 12 月 29 日第五次修正，2011 年 6 月 30 第六次修正。历次修正主要对个人所得税的扣除标准进行了调整。

《中华人民共和国个人所得税法实施条例》于 1994 年 1 月 28 日由国务院发布并施行。个人所得税每次修正后，实施条例亦跟随修正，最新的实施条例自 2011 年 9 月 1 日起施行。

《个人所得税管理办法》于 2005 年 7 月 6 日由国家税务总局发布，自 2005 年 10 月 1 日起施行。

（二）个人所得税的特点

1. 实行分类征收；
2. 累进税率与比例税率并用；
3. 费用扣除额较宽；
4. 计算简便；
5. 采用源泉扣缴和自行申报两种征收方法。

（三）个人所得税的纳税义务人

在中国境内有住所，或者无住所而在境内居住满 1 年，并从中国境内和境外取得所得的个人；在中国境内无住所又不居住或者无住所而在境内居住不满 1 年，但从中国境内取得所得的个人。纳税义务人具体包括：中国公民、个体工商户；外籍个人；中国香港、澳门和台湾同胞。

（四）个人所得税的扣缴义务人

个人所得税以支付所得的单位或者个人为扣缴义务人，即税法规定负有代税务机关扣缴税款义务的单位或者个人。

（五）个人所得税的征税项目

个人所得税的征税项目包括下列 11 项：

1. 工资、薪金所得；
2. 个体工商户的生产、经营所得；
3. 对企事业单位的承包经营、承租经营所得；
4. 劳务报酬所得；
5. 稿酬所得；
6. 特许权使用费所得；
7. 利息、股息、红利所得；
8. 财产租赁所得；

9. 财产转让所得；

10. 偶然所得；

11. 经国务院财政部门确定征税的其他所得。

（六）个人所得税的起征额

起征额就是免征税的部分。工资、薪金收入的起征额为 3 500 元。举例来说，3 500 元以下工资是不收税的，如果工资是 4 500 元，则 1 000 元为应纳税所得额，这部分才需征税。

（七）个人所得税的适用税率

1. 工资、薪金所得，适用 7 级超额累进税率，税率为 3% ~45%（见表 7-1）。

表 7-1　　**工资、薪金所得适用税率表**

级数	全月应纳税所得额	税率（%）	速算扣除数（元）
1	全月应纳税额不超过 1 500 元	3	0
2	全月应纳税额超过 1 500 元至 4 500 元	10	105
3	全月应纳税额超过 4 500 元至 9 000 元	20	555
4	全月应纳税额超过 9 000 元至 35 000 元	25	1 005
5	全月应纳税额超过 35 000 元至 55 000 元	30	2 755
6	全月应纳税额超过 55 000 元至 80 000 元	35	5 505
7	全月应纳税额超过 80 000 元	45	13 505

2. 个体工商户的生产、经营所得和对企事业单位的承包经营、承租经营所得，适用 5 级超额累进税率，税率为 5% ~35%（见表 7-2）。

表 7-2　　**个体工商户的生产、经营所得和对企事业单位的承包经营、承租经营所得适用税率表**

级数	全年应纳税所得额	税率（%）	速算扣除数（元）
1	不超过 15 000 元的	5	0
2	超过 15 000 元至 30 000 元的部分	10	750
3	超过 30 000 元至 60 000 元的部分	20	3 750
4	超过 60 000 元至 100 000 元的部分	30	9 750
5	超过 100 000 元的部分	35	14 750

3. 稿酬所得，适用比例税率，税率为20%，并按应纳税额减征30%。

4. 劳务报酬所得，适用比例税率，税率为20%。对劳务报酬所得一次收入畸高的，可以实行加成征收，具体办法由国务院规定（见表7-3）。

表7-3　　劳务报酬所得适用税率表

级数	每次应纳税所得额	税率（%）	速算扣除数（元）
1	不超过20 000元的部分	20	0
2	超过20 000元至50 000元的部分	30	2 000
3	超过50 000元的部分	40	7 000

5. 特许权使用费所得，利息、股息、红利所得，财产租赁所得，财产转让所得，偶然所得和其他所得，适用比例税率，税率为20%。

第二节　个人所得税的计算

一、个人取得工资、薪金所得应当如何缴纳个人所得税

个人取得的工资、薪金所得，是指个人因任职或者受雇而取得的工资、薪金、奖金、年终加薪、劳动分红、津贴、补贴以及与任职或受雇有关的其他所得。

（1）工资、薪金所得按以下步骤计算缴纳个人所得税：每月取得工资收入后，先减去个人承担的基本养老保险金、医疗保险金、失业保险金，以及按省级政府规定标准缴纳的住房公积金，再减去费用扣除额3 500元/月（来源于境外的所得以及外籍人员、华侨和中国香港、澳门、台湾同胞在中国境内的所得每月还可附加减除费用1 300元）为应纳税所得额，按3%～45%的7级超额累进税率计算缴纳个人所得税。

（2）工资、薪金所得缴纳个人所得税的计算公式是：

应纳个人所得税税额=应纳税所得额×适用税率-速算扣除数

例如，王某当月取得工资收入6 000元，当月个人承担住房公积金、基本养老保险金、医疗保险金、失业保险金共计1 000元，费用扣除额为3 500元，则王某当月应纳税所得额为1 500元（6 000-1 000-3 500），应纳个人所得税税额为45元（1 500×3%-0）。

个人取得工资、薪金所得应缴纳的个人所得税，统一由支付人负责代扣代缴，支付人是税法规定的扣缴义务人。

二、个人取得全年一次性奖金或年终加薪，应当如何缴纳个人所得税

个人取得全年一次性奖金（包括年终加薪）的，应分两种情况计算缴纳个人所得税：

（1）个人取得全年一次性奖金且获取奖金当月个人的工资、薪金所得高于（或等于）税法规定的费用扣除额的计算方法是：用全年一次性奖金总额除以12个月，按其商数对照工资、薪金所得项目税率表，确定适用税率和对应的速算扣除数，计算缴纳个人所得税。计算公式为：

$$\text{应纳个人所得税税额}=\text{个人当月取得的全年一次性奖金}\times\text{适用税率}-\text{速算扣除数}$$

个人当月工资、薪金所得与全年一次性奖金应分别计算缴纳个人所得税。

（2）个人取得全年一次性奖金且获取奖金当月个人的工资、薪金所得低于税法规定的费用扣除额的，计算方法是：用全年一次性奖金减去“个人当月工资、薪金所得与费用扣除额的差额”后的余额除以12个月，按其商数对照工资、薪金所得项目税率表，确定适用税率和对应的速算扣除数，计算缴纳个人所得税。计算公式为：

$$\begin{matrix}\text{应纳个人}\\\text{所得税税额}\end{matrix}=\left(\begin{matrix}\text{个人当月取得全年}\\\text{一次性奖金}\end{matrix}-\begin{matrix}\text{个人当月工资、薪金所得与}\\\text{费用扣除额的差额}\end{matrix}\right)\times\begin{matrix}\text{适用}\\\text{税率}\end{matrix}-\begin{matrix}\text{速算}\\\text{扣除数}\end{matrix}$$

由于上述计算纳税方法是一种优惠办法，在一个纳税年度内，对每一个人，该计算纳税办法只允许采用一次。对于全年考核，分次发放奖金的，该办法也只能采用一次。

三、内部退养（或提前离岗）人员取得所得，应当如何缴纳个人所得税

（1）企业减员增效和行政单位、事业单位、社会团体在机构改革中，未达到离退休年龄，提前离岗且未办理离退休手续（内部退养）的职工，从原任职单位取得的工资、薪金，不属于离退休工资，应按工资、薪金所得计算缴纳个人所得税。

（2）个人在办理内部退养（提前离岗）手续后，从原任职单位取得的一次性收入，应按办理内部退养手续后至法定离退休年龄之间的所属月份进行平均，并与领取当月的工资、薪金所得合并，减去当月费用扣除标准后，以余额为基数确定适用税率和对应的速算扣除数，然后再将当月工资、薪金所得加上取得的一次性收入，减去费用扣除标准，按照已确定的税率计算缴纳个人所得税。计算公式为：

$$\begin{matrix}\text{应纳个人}\\\text{所得税税额}\end{matrix}=\left[\left(\begin{matrix}\text{当月工资、}\\\text{薪金所得}\end{matrix}+\begin{matrix}\text{一次性内部}\\\text{退养收入}\end{matrix}\right)-\begin{matrix}\text{费用扣除}\\\text{标准}\end{matrix}\right]\times\begin{matrix}\text{适用}\\\text{税率}\end{matrix}-\begin{matrix}\text{速算}\\\text{扣除数}\end{matrix}$$

（3）个人在办理内部退养手续后至法定离退休年龄之间重新就业，

取得的工资、薪金所得，应与其从原单位取得的同一月份的工资、薪金所得合并计算缴纳个人所得税。

四、个人取得劳务报酬所得应当如何缴纳个人所得税

劳务报酬所得，是指个人从事设计、装潢、安装、制图、化验、测试、医疗、法律、会计、咨询、讲学、新闻、广播、翻译、审稿、书画、雕刻、影视、录音、录像、演出、表演、广告、展览、技术服务、介绍服务、经纪服务、代办服务以及其他劳务取得的所得。

劳务报酬所得的应纳税所得额为：每次劳务报酬收入不足 4 000 元的，用收入减去 800 元的费用；每次劳务报酬收入超过 4 000 元的，用收入减去收入额的 20%。

劳务报酬所得适用 20% 的税率。

劳务报酬所得应纳税额的计算公式为：

应纳个人所得税税额 = 应纳税所得额 × 20%

对劳务报酬所得一次收入畸高（应纳税所得额超过 20 000 元）的，要实行加成征收办法，具体是：一次取得劳务报酬收入，减除费用后的余额（即应纳税所得额）超过 20 000 元至 50 000 元的部分，按照税法规定计算的应纳税额，加征五成；超过 50 000 元的部分，加征十成。

例如，陈某一次取得劳务报酬收入 40 000 元，其应缴纳的个人所得税为：

应纳税所得额 = 40 000 − 40 000 × 20% = 32 000（元）

应纳个人所得税税额 = 32 000 × 20% +（32 000 − 20 000）× 20% × 50%

= 6 400 + 1 200 = 7 600（元）

五、个人获得的稿酬所得应当如何缴纳个人所得税

稿酬所得，是指个人因其作品以图书、报刊形式出版、发表而取得的所得。

个人获得的稿酬所得，每次收入不超过 4 000 元的，可减去费用 800 元；每次收入 4 000 元以上的，可减去 20% 的费用，其余额为应纳税所得额。稿酬所得适用 20% 的比例税率，并可以免纳 30% 的税额。计算公式为：

应纳个人所得税税额 = 应纳税所得额 × 适用税率 ×（1 − 30%）

例如，丁某在某杂志上发表一篇文章，获得稿酬 3 000 元，丁某应缴纳的个人所得税为：

应纳个人所得税税额 =（3 000 − 800）× 20% ×（1 − 30%）= 308（元）

六、个人取得的特许权使用费所得应当如何缴纳个人所得税

特许权使用费所得，是指个人提供专利权、商标权、著作权、非专利技术以及其他特许权的使用权取得的所得。提供著作权的使用权取得的所得，不包括稿酬所得。

个人取得特许权使用费所得每次收入不超过 4 000 元的，可以扣除费用 800 元；每次收入 4 000 元以上的，可以扣除 20% 的费用，其余额为应纳税所得额。特许权使用费所得适用 20% 的税率。计算公式为：

应纳个人所得税税额＝应纳税所得额×20%

叶某发明一项农田专利技术，2013 年 3 月授予 A 农场使用权，使用费 15 万元，A 农场 4 月支付使用费 6 000 元，5 月支付使用费 9 000 元；5 月，叶某又将该项该专利使用权授予给 D 农场，使用费 8 000 元。叶某转让特许权使用费所得应缴的个人所得税为：

叶某此项专利技术转让了两次，应分两次所得计算个人所得税。

转让给 A 农场应缴个人所得税税额＝（6 000+9 000）×（1−20%）×20%＝2 400（元）

转让给 D 农场应缴个人所得税税额＝8 000×（1−20%）×20%＝1 280（元）

叶某转让此项专利技术共需缴纳个人所得税＝2 400+1 280＝3 680（元）

七、个人获得的利息、股息、红利所得应当如何缴纳个人所得税

利息、股息、红利所得，是指个人因拥有债权、股权而取得的利息、股息、红利所得。计算缴纳个人所得税的方法是：以每次利息、股息、红利所得为应纳税所得额，适用 20% 的税率。计算公式为：

应纳个人所得税税额＝应纳税所得额×20%

例如，卫某年初取得村办集体企业集资款的利息收入 1 000 元，应缴纳个人所得税为：

应纳个人所得税税额＝1 000×20%＝200（元）

八、个人储蓄存款利息应当如何缴纳个人所得税

个人在我国境内存储人民币、外币而取得的利息所得应缴纳个人所得税。储蓄存款利息所得，以每次取得的利息全额为应纳税所得额，适用 5% 的税率计算缴纳个人所得税。计算公式为：

应纳个人所得税税额＝利息全额×5%

储蓄存款利息所得个人所得税由储蓄机构在向储户结付利息时代扣代缴。

国务院决定 2008 年 10 月 9 日起对储蓄存款利息所得暂免征收个人所得税。

九、个人取得财产租赁所得应当如何缴纳个人所得税

财产租赁所得，是指个人出租建筑物、土地使用权、机器设备、车船以及其他财产取得的所得。计算公式为：

财产租赁的应纳税所得额＝每次取得的财产租赁收入－合理费用－费用扣除标准

合理费用包括以下项目：

（1）纳税人在出租财产过程中缴纳的税金、教育费附加，可凭完税凭证从财产租赁收入中扣除。

（2）由纳税人负担的该出租财产实际开支的修缮费用，必须是实际发生并能够提供有效准确凭证的支出，以每次扣除 800 元为限，一次扣除不完的，可以继续扣除，直至扣完为止。

费用扣除标准为：每次收入不超过 4 000 元的，可以扣除 800 元；每次收入超过 4 000 元的，可以扣除收入的 20%。

财产租赁所得的个人所得税的适用税率为 20%。

计算公式为：

应纳个人所得税税额＝应纳税所得额×20%

十、个人财产转让所得应当如何缴纳个人所得税

财产转让所得，是指个人转让有价证券、股权、建筑物、土地使用权、机器设备、车船以及其他财产取得的所得。以一次转让财产收入额（不管分多少次支付，均应合并为一次转让财产收入）减去财产原值和合理费用后的余额为应纳税所得额，适用 20% 的税率计算缴纳个人所得税。

财产转让所得应纳税额的计算公式为：

应纳个人所得税税额＝应纳税所得额×20%

应纳税所得额＝每次转让财产收入额－财产原值－合理费用

确定财产原值，有以下几种情况：

一是有价证券，为买入价以及买入时按照规定缴纳的有关费用。

二是建筑物，为建造费或者购进价格以及其他有关费用。

三是土地使用权，为取得土地使用权所支付的金额、开发土地的费用以及其他有关费用。

四是机器设备、车船，为购进价格、运输费、安装费以及其他有关费用。

五是其他财产原值，参照以上四种办法确定。

上述财产原值的确定，个人必须提供有关的合法凭证。对未能提供完整、准确的财产原值合法凭证而不能正确计算财产原值的，税务部门可根

据当地实际情况核定其财产原值或实行核定征收。例如，房产转让，如果纳税人不能准确提供房产原值和有关税费凭证，无法确定房产原值时，税务机关可以综合考虑该项房产的坐落地、建造时间、当地房价、面积等因素，按房产转让收入额的一定比例核定征收个人所得税。

合理费用是指个人在卖出财产时按有关规定所支付的费用，如营业税及其附加、中介服务费、资产评估费等。

十一、个人取得中奖、中彩等偶然所得应当如何缴纳个人所得税

偶然所得是指个人得奖、中奖、中彩以及其他偶然性质的所得。偶然所得以每次收入额为应纳税所得额，适用20%的税率。计算公式为：

应纳个人所得税税额=应纳税所得额×20%

例如，李某参加电视台举办的有奖竞猜活动中奖，获一台价值8 000元的电脑，应缴纳的个人所得税为：

应纳个人所得税税额=8 000×20% =1 600（元）

十二、个体工商户的生产、经营所得应当如何缴纳个人所得税

个体工商户的生产、经营所得，是指：

（1）个体工商户从事工业、手工业、建筑业、交通运输业、商业、饮食业、服务业、修理业以及其他行业生产、经营取得的所得；

（2）个人经政府有关部门批准，取得执照，从事办学、医疗、咨询以及其他有偿服务活动取得的所得；

（3）其他个人从事个体工商业生产、经营取得的所得；

（4）上述个体工商户和个人取得的与生产、经营有关的各项应纳税所得。

个体工商户生产、经营所得的应纳税所得额=每一纳税年度的收入总额-成本、费用及损失

其中，收入总额是指个体工商户从事生产、经营以及与生产、经营有关的活动所取得的各项收入，包括商品（产品）销售收入、营运收入、劳务服务收入、工程价款收入、财产出租或转让收入、利息收入、其他业务收入和营业外收入等。各项收入应当按权责发生制原则确定。

成本、费用是指个体工商户从事生产经营所发生的各项直接支出和分配计入成本的间接费用以及销售费用、管理费用、财务费用。

损失是指个体工商户在生产经营过程中发生的各项营业外支出。

个体工商户生产、经营所得应纳税额的计算公式为：

应纳个人所得税税额=应纳税所得额×适用税率-速算扣除数

上述计税办法适用于查账征收的个体工商户，不适用于核定征收的个体工商户。

十三、演职人员取得报酬应当如何缴纳个人所得税

演职人员是指参加演出（包括舞台演出、录音、录像、拍摄影视等）而取得报酬的个人。

演职人员参加任职单位组织的演出取得的报酬为工资、薪金所得，按月缴纳个人所得税。

演职人员参加非任职单位组织的演出取得的报酬为劳务报酬所得，按次缴纳个人所得税。

演职人员取得报酬后按规定上交给单位和文化行政部门的管理费以及收入分成，经主管税务机关确认后在计算应纳税所得额时扣除。

演职人员取得报酬为不含税收入（指税后收入）的，分两种情况：

（1）作为工资、薪金所得的，计算公式为：

应纳税所得额=（不含税收入-费用扣除标准-速算扣除数）÷（1-税率）

应纳个人所得税税额=应纳税所得额×适用税率-速算扣除数

（2）作为劳务报酬所得的，计算公式为：

不含税收入额低于 3 360 元的：

应纳税所得额=（不含税收入额-800）÷（1-税率）

不含税收入额高于 3 360 元的：

$$\text{应纳税所得额}=\left[\left(\text{不含税收入额}-\text{速算扣除数}\right)\times(1-20\%)\right]\div\left[1-\text{税率}\times(1-20\%)\right]$$

应纳个人所得税税额=应纳税所得额×适用税率-速算扣除数

向演职人员支付报酬的单位或个人，应该按照税法规定代扣代缴演职人员的个人所得税。

十四、个人对企事业单位的承包经营、承租经营取得所得，应当如何缴纳个人所得税

个人对企事业单位的承包经营、承租经营所得，是指个人承包经营、承租经营以及转包、转租取得的所得，包括个人按月或者按次取得的工资、薪金性质的所得。

个人对企事业单位的承包经营、承租经营取得所得缴纳个人所得税，有以下几种情况：

（1）企业实行个人承包经营、承租经营后，承包、承租人按合同（协议）的规定只向发包、出租方交纳一定费用，企业经营成果归其所有的，承包、承租人取得的所得，按对企事业单位的承包经营、承租经营所得计算缴纳个人所得税。

承包经营、承租经营所得应纳税额的计算公式为：

应纳税所得额=纳税年度的承包经营、承租经营所得-必要费用

其中的必要费用是指每月3 500元。

应纳个人所得税税额=应纳税所得额×适用税率-速算扣除数

（2）企业实行个人承包经营、承租经营后，承包、承租人对企业经营成果不拥有所有权，仅是按合同（协议）规定取得一定所得的，其所得按工资、薪金所得计算缴纳个人所得税，适用3%～45%的7级超额累进税率。

另外，如果企业实行个人承包经营、承租经营后，工商登记改变为个体工商户的，承包人应当依照个体工商户的生产、经营所得计算缴纳个人所得税。企业实行承包经营、承租经营后，不能提供完整、准确的纳税资料，不能正确计算应纳税所得额的，由税务部门核定其应纳税所得额和缴税方式。

十五、实行查账征收的个人独资企业和合伙企业投资者，应当如何缴纳个人所得税

个人独资企业的投资者和合伙企业的每一个合伙人都应当按照个体工商户的生产、经营所得，适用5%～35%的超额累进税率，计算缴纳个人所得税。计算公式为：

应纳个人所得税税额=应纳税所得额×适用税率-速算扣除数

（1）个人独资企业的投资者以全部生产经营所得为应纳税所得额，按适用税率计算应缴个人所得税。

（2）合伙企业的投资者按照合伙企业的全部生产经营所得和合伙协议约定的分配比例确定每一个投资者应纳税所得额（没有约定分配比例的，以全部应纳税所得额和合伙人数平均计算每个投资者的应纳税所得额），据此计算每个投资者应承担的应纳税所得额，然后按个体工商户的生产、经营所得计算缴纳个人所得税。

十六、实行核定征收方式的个人独资企业和合伙企业，应当如何缴纳个人所得税

实行核定征收方式的个人独资企业和合伙企业缴纳个人所得税，有以下情况：

（1）定额征收。

个人独资企业和合伙企业按照税务部门依法核定的应纳个人所得税税

额按期缴纳。

（2）核定应税所得率征收。

在核定应税所得率征收方式下，应纳个人所得税税额的计算公式为：

应纳个人所得税税额=应纳税所得额×适用税率

应纳税所得额=收入总额×应税所得率

或　应纳税所得额=成本费用支出额÷（1-应税所得率）×应税所得率

应税所得率按如表7-4规定的标准执行。

表7-4　核定征收方式的个人独资企业和合伙企业应税所得率表

行业	应税所得率（%）
工业、交通运输业、商业	5～20
建筑业、房地产开发业	7～20
饮食服务业	7～25
娱乐业	20～40
其他行业	10～30

企业经营多业的，无论其经营项目是否单独核算，均应根据其主营项目确定其适用的应税所得率。

十七、个人投资两个或两个以上独资、合伙企业的，应当如何缴纳个人所得税

个人投资两个或两个以上独资、合伙企业的，投资者个人应分别向企业实际经营管理所在地税务部门预缴个人所得税，年度终了后办理汇算清缴，主要有两种情况：

（1）投资者兴办的企业全部是个人独资企业的，分别向各企业实际经营管理所在地税务部门办理年度纳税申报，并依其投资的全部个人独资企业的经营所得确定适用税率，以本企业实际生产经营所得为基础，计算应缴税款，办理汇算清缴。计算公式为：

应纳个人所得税税额=应纳税所得额×适用税率-速算扣除数

应纳税所得额=各个独资企业应纳税所得额的合计数

本企业投资者应纳税额=应纳个人所得税税额×本企业应纳税所得额÷各个独资企业应纳税所得额的合计数

本企业投资者应补缴的个人所得税税额=本企业投资者应纳个人所得税税额-本企业投资者预缴个人所得税税额

（2）投资者兴办企业中有合伙企业的，将投资者在合伙企业中应分配的应纳税所得额与其投资于独资企业的应纳税所得额合并，确定应纳个人所得税税额。投资者应向经常居住地税务部门申报纳税，办理汇算清缴；对于经常居住地与企业的经营管理所在地不一致的，应选定其参与兴办的某一合伙企业经营管理所在地办理汇算清缴，并且在5年内不得变更。

第三节　税收筹划的内容

一、个人税收筹划的概念

个人税收筹划是个人或企业进行的旨在减轻税负的谋划与对策。税收筹划的实质是节税，但其存在的前提是不仅不违反税法条文、会计准则等的规定，而且应符合立法意图。国家在制定税法及有关制度时，往往对节税行为有所预期，并希望通过节税行为引导全社会资源的有效配置与收入的合理分配。因此，税收筹划是在税收法律许可的范围内，以税收政策为导向，通过财务活动的合理安排，为达到税后收益最大化的目标而采取的行为。税收筹划着眼于总体的决策和长期利益，谋求的利益是合法的、正当的。正确的税收筹划不仅可以避免缴纳不应该缴纳的税款，而且有助于合理安排支出。

税收筹划的基本特点之一是合法性，因此必须在法律法规允许的范围内进行，要严格区分税收筹划与偷税、欠税、抗税和骗税的区别。

偷税是指纳税人采取伪造、变造、隐匿、擅自销毁账簿、记账凭证，或者在账簿上多列支出或者不列、少列收入，或者税务机关已通知申报而拒不申报，或者进行虚假的纳税申报，不缴或者少缴税款的行为。偷税的特征是非法性和欺诈性，是严重的违法行为。其法律责任包括处以追缴偷税款、滞纳金、罚金、有期徒刑或拘役等。

欠税是指纳税人超过税务机关核定的纳税期限而发生的拖欠税款的行为。这里指的是故意欠税的行为，带有主观性，遗忘或者因故不能按期缴税的不属此列。其造成的法律责任包括处以罚款、不能获得减税或免税待遇、停止领购增值税专用发票、有期徒刑或拘役。

抗税是指以暴力或威胁的方法拒不缴纳税款的行为，视情节严重程度承担行政责任或者刑事责任。

骗税是指采取弄虚作假和欺骗手段，骗取出口退（免）税或减免税款的行为。

二、税收筹划的特点

1. 合法性

税收筹划应在法律允许的范围内，由税收政策指导规划活动。个人要将自己的规划行为与不当避税、偷税、漏税合理地区分开来。在合法的前提下进行税收筹划，是对税法立法宗旨的有效贯彻，也体现了税收政策导向的合理性和有效性。

2. 超前性

税收筹划是个人对财务活动、投资活动等的设计和安排。在现实的经济活动中，纳税义务的发生具有滞后性，即由于特定经济事项的发生才使个人负有纳税义务，如收入实现之后才缴纳所得税等。一旦经济活动实际发生，应纳税款就已确定，再进行规划已失去现实意义。

3. 目的性

税收筹划的目的是最大限度地减轻个人的税收负担。减轻税收负担一般有两种形式：一是选择低税负方案——在多种纳税方案中选择税负最低的；二是滞延纳税时间，即在纳税总额大致相同的各方案中，选择纳税时间滞后的方案，这就意味着个人得到一笔无息贷款，通过税负减轻而达到收益最大化的目的。

4. 积极性

从宏观经济调节看，税收是调节经营者、消费者行为的一种有效经济杠杆，国家往往根据经营者和消费者的“节约税款，谋取最大利润”的心态，有意通过税收优惠政策，引导和鼓励投资者和消费者采取政策导向的行为，借以实现某种特定的经济或社会目的。

5. 综合性。由于多种税基相互关联，某种税基缩减的同时，可能会引起其他税种税基的增大；某一纳税期限内少缴或不缴税款可能会在另外一个或几个纳税期内多缴。因此，税收筹划还要综合考虑，不能只注重个别税种税负的降低，或某一纳税期限内少缴或不缴税款，而要着眼于整体税负的轻重。

6. 普遍性

从世界各国的税收体制看，国家为达到某种目的或意图，总要牺牲一定的税收利益，对纳税者施以一定的税收优惠，引导和规范纳税人的经济行为，这就为个人提供了进行税收筹划、寻找低税负项目、降低税收成本的机会，这种机会是普遍存在的。

三、税收筹划的原则

税收筹划是对纳税人权利的保护，因为纳税人最大和最基本的权利是不需要缴纳比税法规定更多的税收。税收筹划必须遵循一定原则，以免失败。

1. 合法性原则。税收筹划必须严格遵守国家的税收法律法规以及财务会计制度，偷逃税收也可减轻纳税人负担，但显然是不合法的。

2. 稳健性原则。一般而言，节税的收益越大，风险也越大。节税收益与税制变化风险、市场风险、利率风险、债务风险、汇率风险、通货膨胀风险紧密相连。税收筹划要在节税收益和节税风险之间进行权衡，以保证能够真正取得财务利益。

3. 便利性原则。当纳税人可选择的税收筹划方案有多个时，应选择简单、容易操作的方案。能够就近解决的，不舍近求远。

4. 节约性原则。税收筹划会耗费一定的人力、物力和财力，应尽量使筹划成本费用降低到最小限度，筹划效益达到最大限度。

四、税收筹划原理

税收筹划最重要的原理是节税原理。节税原理又可细分为绝对节税原理、相对节税原理、直接节税原理、间接节税原理、横向节税原理、纵向节税原理、风险节税原理、组合节税原理和模糊节税原理等多种。

（一）绝对节税原理

绝对节税是指直接使纳税绝对总额减少。绝对节税原理很简单：在各种可供选择的纳税方案中，选择缴纳税收最少的方案，这种最少的纳税绝对总额，包括横向的和纵向的。横向绝对节税是指直接减少某一个纳税人的当期纳税总额；纵向绝对节税是指直接减少某一个纳税人在一定时期的纳税总额，比如5年的纳税总额。

绝对节税原理是使纳税人的纳税绝对总额减少，它又有直接节税原理与间接节税原理之分。

1. 直接节税原理：直接减少某一个纳税人税收绝对额的节税。

2. 间接节税原理：某一个纳税人的税收绝对额没有减少，但这个纳税人的税收客体所负担的税收绝对额减少，间接减少了另一个或一些纳税人的税收绝对额。

（二）相对节税原理

相对节税是指一定纳税总额并没有减少，但因各个纳税期纳税总额的变化而增加了收益，从而相当于减少了税收，使税收总额相对减少。相对节税原理主要利用的是货币的时间价值。

五、税收筹划的步骤

进行税收筹划大致有以下五个基本步骤：

第一步，熟知税法，归纳相关规定。要进行税收筹划，必须要熟知税法及相关法律，全面掌握税法的若干规定，尤其是各项税收优惠、税收鼓励政策，往往都是散见于各项文件之中，有的是人大常委会、国务院颁发的，有的是财政部、国家税务总局联合发文的，有的是国家税务总局发文的，还有的可能是省（直辖市、自治区）发文的，这些都要收集齐全、进行归类。

第二步，确立节税目标，建立备选方案。根据税收筹划内容，确立税收筹划的目标，建立多个备选方案，每一方案都包含一些特定法律安排。

第三步，建立数学模型，进行模拟决策（测算）。根据有关税法规定和纳税人预计收入情况（中、长期预算等），尽可能建立数学模型，进行演算，模拟决策，定量分析，修改备选方案。

第四步，根据税后净回报，排列选择方案。分析每一备选方案，所有备选方案的比较都要在成本最低化和利润最大化的分析框架内进行，并以此标准确立能够产生最大税后净回报的方案。另外，还要考虑财务风险、税收风险、政治风险等因素。

第五步，选择最佳方案。最佳方案是在特定环境下选择的，这些环境能有多长时间的稳定期，事先也应有所考虑，尤其是在跨地区税收筹划时，更应考虑这个问题。

第六步，付诸实践，信息反馈。付诸实践后，再运用信息反馈制度，验证实际税收筹划结果是否如当初估算，为今后税收筹划提供参考依据。

六、个人税收筹划的基本方法

顺利开展税收筹划的关键是运用各种不同的节税技术。节税技术是指合法、合理地使纳税人缴纳尽量少的税收的技术手段与运作技巧。在税收筹划理论研究与实践运作的基础上，可以把税收筹划归纳为七种技术：利用免税的方法、利用减税的方法、利用税率差异的方法、利用扣除技术的方法、利用抵免的方法、利用缓税的方法和利用税收优惠政策的方法。这七种节税方法，可以单独运用，也可以联合运用。但是，如果同时采用两种或两种以上的节税方法时，必须要注意各种节税技术之间的相互影响和相关关系。

（一）利用免税的方法

免税是国家对特定地区、行业、企业、项目或情况给予纳税人完全免征税收优惠或奖励的扶持或照顾的一种措施。免税一般分为法定免税、特定免税和临时免税三种。在这三类免税中，法定免税是主要方式，特定免税和临时免税是辅助方式，是对法定免税的补充。世界各国一般对特定免税和临时免税都有极严格的控制，尽量避免这类条款产生的随意性和不公正性。由于我国正处于转型时期，所以税法中存在大量的特定免税条款和临时免税条款。

在运用免税的过程中，应尽量注意做到以下两点：一是尽量使免税期最长化，在合法、合理的情况下，尽量使其最长化，免税期越长，节减的税就越多；二是尽量争取更多的免税待遇，在合法、合理的情况下，尽量争取免税待遇，争取尽可能多的免税项目，免税项目越多，节减的税收也就越多。

（二）利用减税的方法

税收减征，是按照税收法律、法规减除纳税人一部分应纳税款，是对某些纳税人、征税对象进行扶持、鼓励或照顾，以减轻税收负担的一种特殊规定。与免税一样，减税是税收灵活性与严肃性相结合制定的一项措施，也是各个国家尤其是中国目前采取的一种最普遍的措施。由于免税和减免在税法中经常结合使用，人们习惯上统称为减免技术。

减税技术在使用时应注意把握两点：一是尽量使减税期最长化。在合法、合理的情况下，尽量使减税期最长化，因为，减税时间越长，节减的税收越多。二是尽量使减税项目最多化，减税项目越多，节减的税收越多。

（三）利用税率差异的方法

利用税率差异是指在合法、合理的情况下，利用税率的差异而直接节减税收的规划技术。个人可以利用税收中税率之间的差异来节减税收实现税务规划的目的。例如，甲地区的税率为33%，乙地区的税率为24%，丙地区的税率为15%，那么，在其他条件相似或基本相同的条件下，投资者到丙地进行投资，就会比甲、乙地区节减不少的税款。

税率差异在运用中应注意两点：一是尽可能地寻找税率最低的地区、产业，使其适用税率最低化，而且税率差异越大，个人的获利能力就越高；二是尽量寻求税率差异的稳定性和长期性。税率差异一般具有时间性和稳定性两个特征，但并不是一成不变的，随着时间的推移，税法制度会发生变化，如政策的变化和享受优惠政策时间的到期，税率也就会发生变化，因此，应想办法使税率差异的时间最长化和稳定化。

（四）利用扣除技术的方法

税前扣除是指在计算缴纳税款时，对于构成计税依据的某些项目，准予从计税依据中扣除的那一部分。扣除技术是税收制度的重要组成部分，许多税种对扣除项目、扣除多少都作了比较详细的规定。这些准予扣除的项目、扣除的范围，有些是对所有纳税人通用的，有些则只是对某些特定的纳税人或征税对象而设计的，应严格区分开来。

在运用扣除技术时，一般应注意以下三点：一是扣除金额最大化。在税法允许的情况下，尽量使各项扣除的项目按上限扣除，用足用活扣除政策，因为扣除金额的最大化，就意味着应交税基的最小化，扣除的金额越大，交税就越少。二是扣除项目最多化。个人应尽量将税法允许的扣除项目一一列出，凡是符合扣除的项目，都要依法给予扣除，因为扣除项目越多，计税基数就越小，节减的税就越多。三是扣除最早化。在税法允许的范围之内，尽可能地使各种允许的扣除项目尽早得到扣除，因为扣除越早，交纳的税金就越少，节省的税金就越多。

（五）利用抵免的方法

抵免是指当对纳税人来源于国内外的全部所得或财产所得课征所得税时，允许以其在国外已缴纳的所得税或财产税税款抵免应纳税款的一种税收优惠方式，是解决国际所得或财产重复征税的一种措施。例如，某纳税人源于A国的所得为10 000元，已在境外交纳的企业所得税为2 000元（该国适用税率20%），按照B国税率30%计算应补交的税款则为1 000元（10 000×30%－2 000）。

抵免技术在运用时应注意以下两点：一是抵免项目最多化。在税法规定的可以抵免的范围内，尽可能地把能参与抵免的项目全部抵免，因为参加抵免的项目越多，意味着节减的税收越多。二是抵免金额最大化。在税法允许的范围内，尽可能地使参加抵免的项目的金额最大化，抵免的金额越大，应纳税额就越小，因而节减的税收就越多。

（六）利用缓税的方法

缓税，又称延期纳税，是对纳税人应纳税款的部分或全部的缴纳期限适当延长的一种特殊规定。为了照顾某些纳税人缺少资金或其他特殊原因造成纳税困难，许多国家都制定了有关延期纳税的条款。有的是对某个税种准予缓纳，有的则是对所有税种都准予缓纳。尽管采用缓纳技术不能使应交纳的税款免纳或少纳，但它使应该交纳的税款可以向后推迟一段时间，而且不需支付任何费用，这就相当于从政府手中拿到了一笔无息贷款，不仅节省了利息支出，而且因通货膨胀带来了好处，变相降低了应纳税额。

缓税技术在使用中应该注意两点：一是使缓纳时间最长化。在税法规定的时间内，尽量争取缓纳的时间最长。因为延长的时间越长，相对节减的税收也就越多。二是使缓纳的项目最多化。争取在税法允许的范围内，找足、找齐各种原因，经税务机关批准，使这些项目纳入缓纳项的行列，因为缓纳的项目越多，节税也就越多。

（七）利用税收优惠技术的方法

税收优惠是国家税制的一个组成部分，是政府为了达到一定政治、社会和经济目的，而对纳税人实行的税收鼓励。个人所得税规划可以通过合理设计，享受税收优惠带来节税好处，主要应争取更多的减免税待遇，充分利用起征点、免征额、递延纳税时间、缩小纳税依据等。

❀ **资料** 7–2

个人所得税的优惠政策

1. 按照现行税法规定，个人所得税的减免税规定包括：

省级人民政府、国务院部委和中国人民解放军军以上单位，以及外国组织、国际组织颁发的科学、教育、技术、文化、卫生、体育、环境保护等方面奖金，免征个人所得税。

乡、镇以上（含乡、镇）人民政府或经县以上（含县）人民政府主管部门批准成立的有机构、有章程的见义勇为基金会或类似组织，奖励见义勇为者的奖金或者奖品，经主管税务机关批准，免征个人所得税。

财政部发行的债券和经国务院批准发行的金融债券的利息，免征个人所得税。

按照国务院规定发给的政府特殊津贴（指国家对为社会各项事业的发展做出突出贡献的人员颁发的一项特定津贴，并非泛指国务院批准发放的其他各项补贴、津贴）和国务院规定免税的补贴、津贴（目前仅限于中国科学院和工程院院士津贴、资深院士津贴），免征个人所得税。

福利费，即由于某些特定事件或原因而给职工或其家庭的正常生活造成一定困难，企业、事业单位、国家机关、社会团体从其根据国家有关规定提留的福利费或者工会经费中支付给职工的临时性生活困难补助，免征个人所得税。下列收入不属于免税的福利费范围，应当并入工资、薪金收入计征个人所得税：从超出国家规定的比例或基数计提的福利费、工会经费中支付给个人的各种补贴、补助；从福利费和工会经费中支付给单位职工的人人有份的补贴、津贴；单位为个人购买汽车、住房、电子计算机等不属于临时性生活困难补助性质的支出。

抚恤金、救济金（指民政部门支付给个人的生活困难补助），免征个人所得税。

保险公司支付的保险赔款，免征个人所得税。

军人的转业费、复员费，免征个人所得税。

按照国家统一规定发给干部、职工的安家费、退职费（指个人符合《国务院关于工人退休、退职的暂行办法》规定的退职条件并按该办法规定的标准领取的退职费）、退休费、离休工资、离休生活补助费，免征个人所得税。

我国政府参加的国际公约、签订的协议中规定免税的所得，免征个人所得税。

企业和个人按照国家或地方政府规定的比例提取并向指定金融机构实际缴纳的住房公积金、医疗保险费、基本养老保险金，不计入个人当期的工资、薪金收入，免征个人所得税。超过国家或地方政府规定的比例缴付的住房公积金、医疗保险费、基本养老保险金，其超过规定的部分应当并入个人当期工资、薪金收入，计征个人所得税。个人领取原提存的住房公积金、医疗保险费、基本养老保险金时免征个人所得税。

经国务院规定，财政部门批准免税的所得。

根据国家赔偿法的规定，国家机关及其工作人员违法行使职权，侵犯公民的合法权益，造成损害的，对受害人依法取得的赔偿金不予征税。

2. 下列不属于工资、薪金性质的补贴、津贴或者不属于纳税人本人工资、薪金所得项目的收入，不征税：

独生子女补贴；

执行公务员工资制度未纳入基本工资总额的补贴、津贴差额和家庭成员的副食补贴；

托儿补助费；

差旅费津贴、误餐补助（指按财政部门规定，个人因公在城区、郊区工作，不能在工作单位或返回就餐，确实需要在外就餐的，根据实际误餐顿数，按规定的标准发给的误餐费）；

按照规定，个人转让上市公司股票取得的所得暂免征收个人所得税；

个人购买体育彩票，凡一次中奖收入不超过1万元的暂免征收个人所得税，超过1万元的应按规定征收个人所得税。

3. 按照规定，下列所得，暂免征收个人所得税：

个人举报、协查各种违法、犯罪行为而得到的奖金；

个人办理代扣代缴税款手续，按规定取得的扣缴手续费；

个人转让自用达5年以上，并且是唯一的家庭生活用房取得的所得；

达到离休、退休年龄，但确因工作需要，适当延长离休、退休年龄的高级专家（指享受国家发放的政府特殊津贴的专家、学者），其在延长离休、退休期间的工资、薪金所得，视同退休工资、离休工资免征个人所得税。

4. 下列项目经批准可以减征个人所得税，减征的幅度和期限由各省、自治区、直辖市人民政府决定：

残疾、孤寡人员和烈属的所得；

因自然灾害造成重大损失的；

其他经国务院财政部门批准减免的；

稿酬所得可以按照应纳税额减征30%；

对个人从基层供销社、农村信用社取得的利息或者股息、红利收入是否征收个人所得税由省、自治区、直辖市税务局报请政府确定，报财政部、国家税务总局备案。

5. 按照规定，对于从海外汇入的下列外汇收入免征个人所得税：

华侨从海外汇入我国境内赡养其家属的侨汇；

继承国外遗产从海外汇入的外汇；

取回解冻在美资金汇入的外汇。

6. 按照现行税法规定，境外人员的下列所得免征个人所得税：

按照我国有关法律规定应当免税的各国驻华使馆、领事馆的外交代表、领事官员和其他人员的所得；

在中国境内无住所，但是在一个纳税年度中在中国境内连续或者累计居住不超过90天的个人，其来源于中国境内的所得，由境外雇主支付并且不由该雇主在中国境内的机构、场所负担的部分，免予缴纳个人所得税。

7. 按照现行税法规定，境外人员的下列所得，暂免征收个人所得税：

外籍个人以非现金形式或者实报实销形式取得的合理的住房补贴、伙食补贴、搬迁费、洗衣费，暂免征收个人所得税。对于住房补贴、伙食补贴、洗衣费，应由纳税人在首次取得上述补贴或上述补贴数额、支付方式发生变化的月份的次月进行工资、薪金所得税申报时，向主管税务机关提供上述补贴的有效凭证，由主管税务机关核准确认免税。对于搬迁费，应由纳税人提供有效凭证，由主管税务机关审核认定，就其合理的部分免税。

外籍个人按合理标准取得的境内、境外出差补贴，暂免征收个人所得税。对此类补贴，应由纳税人提供出差的交通费、住宿费凭证（复印件）或企业安排出差的有关计划。由主管税务机关确认免税。

外籍个人取得的探亲费、语言训练费、子女教育费等，经当地税务机关审核批准为合理的部分，暂免征收个人所得税。对探亲费，应由纳税人提供探亲的交通支出凭证（复印件），由主管税务机关审核。对其实际用于本人探亲，且每年探亲的次数和支付的标准合理的部分给予免税。对于语言训练费和子女教育费，应由纳税人提供在中国境内接受上述教育的支出凭证和期限证明材料，由主管税务机关审核，对其在中国境内接受语言培训以及子女在中国境内接受教育取得的语言培训费和子女教育费补贴，且在合理数额内的部分给予免税。

外籍个人从外商投资企业取得的股息、红利所得，暂免征收个人所得税。

符合国家规定的外籍专家的工资、薪金所得，暂免征收个人所得税。其具体是指：根据世界银行专项贷款协议由世界银行直接派往我国工作的外国专家的工资、薪金所得，暂免征收个人所得税。所谓“直接派往”，指世界银行与该专家签订提供技术服务协议或与该专家的雇主签订技术服务协议，并指定该专家为有关项目提供技术服务，由世界银行支付该外国专家工资、薪金。

联合国组织是指联合国的有关组织，包括联合国开发计划署、联合国人口活动基金、联合国儿童基金会、联合国技术合作部、联合国工业发展组织、联合国粮食组织、世界粮食计划署、世界卫生组织、世界气象组织、联合国教科文组织等。外国专家在办理免税手续时，应当提供其与联合国组织签订的有关合同和其工资、薪金所得由联合国组织支付、负担的证明；为联合国援助项目来华工作的专家的工资、薪金所得，暂免征收个人所得税；援助国派往我国专为该国无偿援助项目工作的专家的工资、薪金所得，暂免征收个人所得税；根据两国政府签订的文化交流项目来华两年以内的文教专家，其工资、薪金所得由该国负担的，对其工资、薪金所得，暂免征收个人所得税；根据我国大专院校国际交流项目来华工作的专家，其工资、薪金所得由该国负担的，对其工资、薪金所得，暂免征收个人所得税；通过民间科研协定来华工作的专家，其工资、薪金所得由该国政府负担的，对其工资、薪金所得，暂免征收个人所得税。

按照规定，持有B股或海外股（包括H股）的外籍个人，从发行该B股或海外股的中国境内企业所取得的股息（红利）所得，暂免征收个人所得税。

第八章　子女教育金规划

第一节　子女教育金规划的基本知识

一、子女教育金规划的概念

子女教育金规划是指为支付实现预期教育目标所需要的费用而进行的一系列资金管理活动。从内容上看，包括本人教育金规划和子女教育金规划两种，自我完善和教育子女都是人生重要的内容。因此，以实现子女教育金规划为目的的教育理财作为理财规划的组成部分，与理财规划的其他内容一样有着同样重要的地位和作用。

本章主要讨论的是子女教育金规划，即为子女将来的教育费用进行规划和投资，对子女的教育投资又可以分为基础教育投资和高等教育投资。大多数国家的高等教育都不是义务教育，因而对子女的高等教育投资通常是所有教育投资项目中花费最高的一项。

❀ **资料 8-1**

2012 年全国教育情况

全年研究生教育招生 59.0 万人，在学研究生 172.0 万人，毕业生 48.6 万人。普通高等教育本专科招生 688.8 万人，在校生 2 391.3 万人，毕业生 624.7 万人。各类中等职业教育招生 761.0 万人，在校生 2 120.3 万人，毕业生 673.6 万人。全国普通高中招生 844.6 万人，在校生 2 467.2万人，毕业生 791.5 万人。全国初中招生 1 570.8 万人，在校生 4 763.1万人，毕业生 1 660.8 万人。普通小学招生 1 714.7 万人，在校生 9 695.9 万人，毕业生 1 641.6 万人。特殊教育招生 6.6 万人，在校生 37.9 万人，毕业生 4.9 万人。幼儿园在园幼儿 3 685.8 万人。

资料来源　《中华人民共和国 2012 年国民经济和社会发展统计公报》。

二、子女教育金规划的重要性

首先，教育是一种生产性投资，用于教育的支出并非是消费支出，而是一种投资，即教育投资。它将增进子女的知识和技能，使子女未来能获得较大的职业适应性、较多的就业机会、较高的收入等。

其次，子女教育是一项长期的投资，从子女出生开始，一直到子女大学教育期，子女教育金规划都是理财规划的核心，因此在这漫长的时期内如何做好规划，使得资金得到合理的安排是相当重要的。教育费用具体见表8-1。

表8-1　　　　**教育费用一览表**

项目	费用（万元）
完备的大学教育	7
中学教育	5
小学教育	4
幼儿教育	2
合计	18

注：以上费用均不含衣、食、行等各项生活费用的支出

最后，子女成长的每一个阶段都需要规划。无论在子女成长的哪个阶段，我们都有相应的教育目标要去实现，而这些目标的实现，不可避免地要涉及各种费用和支出，同时这些阶段目标之间都有着延续关系，如果因为资金不到位导致其中某个阶段的教育目标未能实现，就可能影响下一阶段的目标。

三、子女教育金规划的特点

子女教育金规划与一般理财规划的区别在于：子女教育金规划必须是专款专用，不能将这笔资金挪去购房或购车；子女教育金的理财工具宜保守，而保本是最高指导原则。获利性较高的理财工具风险性也高，一般开始累积的时间要早。具体而言，子女教育金的特点包括：

1. 没有时间弹性，子女到了一定的年龄就要上学（如18岁左右上大学），不能因为没有足够的学费而延期。

2. 没有费用弹性，各阶段的学费相对固定，这些费用对每一个学生都是相同的。

3. 子女的资质无法事先掌握，自觉学习的子女与漫不经心的子女，在求学期间所花费的费用差距甚大。

4. 子女教育金必须靠自己来准备，对于在单位就职者，个人养老金账户用在退休方面，住房公积金账户用在购房方面，但是没有为子女教育强制储蓄的账户。

5. 子女教育支出占当年支出的金额不是最多，但子女从小到大将近

20 年的持续支付，总金额可能比购房支出还多。

6. 教育的支出增长率较一般的物价增幅要高，以 2004 年为例，一般物价增长率为 1.1%，但教育费用增长率为 4.3%，因此，子女教育金的具体投资目标不能太保守，至少要高于学费增长率。

基于以上特点，子女教育金规划的重点和注意事项主要包括：

1. 开始规划当时子女的年龄（即准备累积期间）。利用时间复利的效果，开始规划的年龄愈早愈好。

2. 理财工具的选择。愈接近学费高峰时期，投资就愈需保守。

3. 所需费用。根据自身的目标和所在地区的教育消费水平，计算子女教育所需的资金数额。

四、我国的子女教育金规划现状

首先，随着社会经济的发展，人们的收入水平有了很大提高，这为提高教育费用负担水平提供了基本保证。

其次，独生子女制度使得家庭加大了对子女教育的投入。一方面，一个家庭只有一个子女，使得家庭的教育资源可以集中投入；另一方面，为了使子女将来能立足于竞争日益激烈的社会环境，也促使家庭普遍加大对子女教育的投入力度。

再次，教育费用急剧增加，占家庭开支的比例日益扩大，已经成为很多家庭沉重的负担，甚至有的家庭因此而陷入贫困。

❊ **资料 8-2**

中国教育成本：养个孩子要 49 万元　不能承受之重

上海社会科学院社会学研究所研究员徐安琪最近主持了一个名为《孩子的经济成本：转型期的结构变化和优化》的调研报告。该报告称，从直接经济成本看，0 至 16 岁孩子的抚养总成本将达到 25 万元左右，如估算到子女上高等院校的家庭支出，则高达 48 万元，估算 30 岁前的未婚不在读的子女的总成本达到 49 万元。这还未包括社会赠送、学校免费、春节压岁钱等 5 万至 6 万元的费用。按照该研究的统计，孩子的零花钱和压岁钱两项人均年进账达 2 300 元，最高达 4 万元。此外，这 49 万元尚不包括孕产期的支出以及从孩子孕育到成长过程中父母因孩子误工、减少流动和升迁等自身发展损失的间接经济成本。

徐安琪强调，由于不是从 0 岁开始对孩子进行 30 年的追踪调查，因此，49 万元的孩子成本并非是目前 30 岁孩子的家长已经支出的费用，而是以 2003 年的物价水平，0 到 30 岁孩子的父母在一年中平均花费的相加之和。

最后，人们对于子女教育金规划的重要性都有所认识，但对于子女教育金规划的知识了解不够，很多家庭的资金投资管理方式单一，大多投资于收益率低的储蓄上，仅仅依靠积累很难在通货膨胀的影响下获得好的投资效果。

第二节 子女教育金规划的步骤

一、确立子女培养目标

子女教育是一项长期而且复杂的事情，在很多家庭，子女还没出生就已经制订了很多计划。但是，往往实际情况是看到别人学什么，然后就安排子女学什么，宁滥勿缺，最终使得子女没有学到实质的内容，甚至造成逆反心理，摇摆不定、朝令夕改的计划并没有为子女带来可能会影响其一生的良好学习习惯和学习体系。

因此，根据子女的兴趣爱好和实际情况，确定适合子女发展的目标，然后按照这个确定的目标进行财务规划，做到有备无患，并能有针对性地引导子女朝着这个既定方向发展，这才是正确的做法（见图 8-1）。

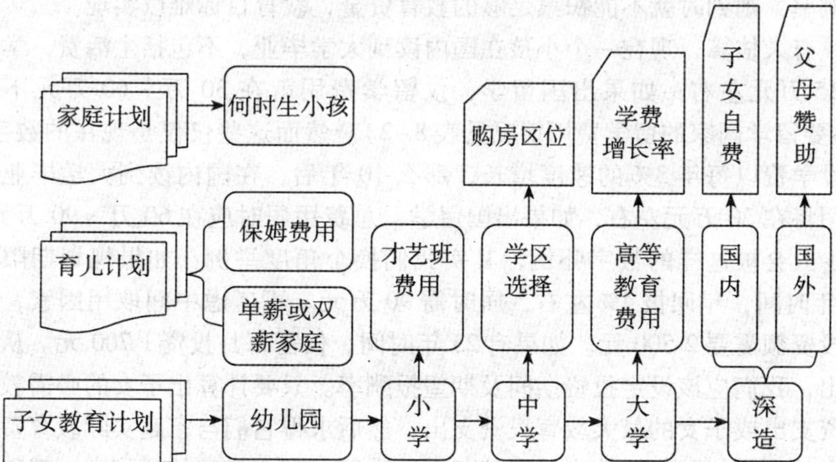

图 8-1　子女教育金规划流程图①

① 张颖．个人理财基础［M］．北京：对外经济贸易大学出版社，2005：198.

二、子女教育金规划步骤

子女教育金规划的步骤包括设定投资目标、规划投资组合计划和执行与定期检查（见图8-2）。

图8-2　子女教育金规划的步骤

（一）设定投资目标

要制订计划首先就要设定所要达到的目标，对于教育投资规划的目标设定而言，主要包括三个方面的内容：

1. 计算子女教育资金缺口。根据现有资产及达成教育目标所需要的资金的比较，就可以计算出子女教育资金的缺口。

2. 设定投资期间（准备累积期间）。这取决于两个因素：一是开始进行教育投资的时间；二是未来需要支付教育费用的时间。这两个时点之间的时间，即为投资期间。

3. 设定期望报酬率。按照计算出来所需的资金缺口，以及可以利用的投资期间，我们可以计算出应该达到的期望报酬率。如果不能达到期望报酬率，则到时就不能积累足够的教育资金，教育目标难以实现。

有人估算，现在一个小孩在国内读到大学毕业，不包括生活费，学费在15万元左右；如果出国留学，仅留学费用就在30万～60万元不等（主要留学国家的留学费用情况见表8-2）。然而这些仅仅是现在的数字，假设学费以每年3%的速度增长，那么10年后，在国内读到大学毕业的费用将在20万元左右，如果出国留学，总费用届时应在60万～90万元。不少人会被这样的数字吓倒，其实我们换个角度举例：如果规划期限有20年时间，年回报4%左右，届时需90万元。不考虑中间取用因素，每月投资额需要2 500元。如果有25年时间，仅需每月投资1 700元。从中看出，我们应该设定投资期间及期望报酬率。只要计算出子女的必需教育投资支出或子女的最大教育投资支出，然后求得它们与家庭实际教育费用支出的差额，就可推算出教育储备金的数额，配合相应的报酬率，就能做好子女教育金规划。

（二）规划投资组合计划

为了获得期望的报酬率，我们应该制订相应的投资计划，根据自己的风险承受能力设定投资组合，在追求收益的同时关注安全性。

表 8-2 **目前主要留学国家的留学费用一览表**

留学国家	费用（万元人民币/年）
美国	25
加拿大	12
法国	9
英国	17
澳大利亚	15
新西兰	8
日本	15

其实，在子女不同的年龄段应选择不同的投资产品。对于年龄较小或尚未出生的子女，因其教育费用支出还不多，家长可以考虑较积极的投资方案，如以股票和股票型基金配合一定的储蓄型保险产品；随着子女的不断成长，家长可以考虑逐步减少股票的投资比重，加入平衡性基金和保本保息的银行类理财产品，提高资金的安全性和流动性，避免盲目追求收益率；对于一次性大额支付，如大学学费或出国留学费用，家长应考虑投资期限的合理配合，不要因资金的流动性而造成障碍。

（三）执行与定期检查

一份好的理财规划需要不停地评估和修改。对于子女教育费用的筹备，最好每年做一次评估，计算当年的筹备总额和收益率回报，将结果和预期进行比较，以达到预期目标为准。如未达到预期目标，就应适当提高来年的投资额或者提高相应的收益率，以保证目标的如期实现。另外，应坚持专款专用的原则，以免出现因为挪用教育资金不能及时归还而造成的困境。

三、子女教育金规划的原则

1. 协调发展需求，注意与子女沟通

父母的期望与子女的兴趣能力可能有差距，在小学和初中阶段，子女的兴趣和爱好转换极快时，应以较宽松的角度使准备的教育金能够应对子女不同的选择。在深造方面，更应与已成年的子女沟通，因为子女可以参加工作几年后再以社会历练确定自己深造的意愿，也可以自筹部分深造经费来减轻父母的负担。

2. 规划尽早进行

开始规划的子女年龄（或准备累积的期间）愈早（长），时间复利的收益就愈好。没有时间弹性，没有费用弹性，是子女教育金的两大特色。学校开学，就会要求交纳学费，面对高学费的挑战，时间会是你最好的朋友，愈早开始，计划愈容易成功。

例如，每月投入 1 000 元，在 4% 的平均报酬率下，可产生的效果见表 8-3。

表 8-3　**不同长度的时间下教育金规划的效果**

开始规划的年龄	高等教育金累积期间	教育金终值
孩子出生起	18 年	31.7 万元
学龄前教育结束	12 年	18.5 万元

3. 灵活宽松，具有前瞻性

如果子女独立性较强，可能会以寒暑假打工赚取学费，或可申请到奖学金，则可大大降低父母的负担。但由于这是不确定的因素，因此不能事先做这样的假定，在筹集教育经费的时候还是以宽松为好。就算是筹集多了资金，也可以将已准备的钱当作自己未来的退休金，降低退休后对子女的依赖程度。因为对一般家庭而言，退休金与子女教育金规划很难兼顾，培养子女的独立性才有可能以有限的投资与储蓄，在父母的退休金与子女的教育金间取得平衡。在求学阶段完全依赖父母资助的子女也应有感激之情，毕竟是父母的资助才使自己可以完成学业。

4. 充分利用定期定额计划

上面举的例子中都用了定期定额计划，别小看这样的计划，正是这样的计划为子女教育打下了坚实的基础。目前很多基金都推出了这样的产品，比如年金型保险、缴费期满一次领回的储蓄险、医疗险（日额型）、意外险等。

5. 切忌孤注一掷地进行子女教育投资

任何投资都是有风险的，因此我们需要理智地进行子女教育金规划，而不能孤注一掷不计后果地进行子女教育投资。

第三节　子女教育金规划工具

子女教育金规划的重点在于拥有足够的学费，因此关键在于资产配置，资产配置得当，子女教育费便可放心。目前累积子女教育金的理财工具包括蓝筹股票、债券/债券基金、银行定期存款、房地产及保险等，理想的资产组合与配置也因人而异。子女教育金规划工具可以分为传统教育投资工具和其他工具。

一、传统教育投资工具

传统教育投资工具主要包括个人储蓄、购买定息债券和购买人寿保险等。这些投资工具的优点是风险相对较低和有稳定的收益。

1. 个人储蓄

定期储蓄一定的资金，当子女在每个阶段开学时，就能有一笔资金支付其费用。但采用个人储蓄的方式要求能自觉并且有能力定期进行储蓄，这对于不少人来说有一定的难度，尤其在有其他的需求时，这一储蓄常常被挪用并且不能按期归还。其中，教育储蓄特别重要。我们在第四章已经对此做了介绍，教育储蓄较其他储种的优势主要有：一是利率优惠，1年、3年期教育储蓄按同档次整存整取定期存款利率计息，6年期按5年整存整取定期存款利率计息，可以说是以零存整取的存法享受整存整取的利率；二是教育储蓄免征利息所得税，如果加上优惠利率的利差，其收益较其他同档次储种高25%左右；三是参加教育储蓄的学生，将来上大学可以优先办理助学贷款。

2. 定息债券

投资者定期购买一定数额的定息债券，然后在需要的时候卖出债券，就可以获得资金。在美国，定息债券的种类很多，在子女教育金规划中常用的是储蓄债券。由于客户可以设立一个专门的投资账户，存入一定资金，然后每月该账户可以自动为客户购买债券，因此这种投资工具不仅节约了客户的时间，并且能够帮助其对该子女教育金规划持之以恒地进行操作。但定息债券的缺点也是很明显的，由于定息债券是以单利计息，所以投资成本要高于个人储蓄。

3. 人寿保险

由于人寿保险产品也可以作为一种投资，特别是一些投资型的寿险，所以人寿保险也可作为子女教育金规划的工具之一。保险公司有专门的教育保险产品可供选择，这些产品一般包括按期支付教育金、投保人意外身故保费豁免等，很适合父母为子女投保。

二、其他教育投资工具

其他教育投资工具主要有政府债券、股票、公司债券和教育投资基金等，这些投资工具的价格会随着供求关系和通货膨胀的变化而变化，为客户提供一定的保障。

1. 政府债券

此类债券一般由中央政府或地方政府发行，由于收益具有稳定性和安全性，是子女教育金规划的主要投资工具。

2. 股票、基金和公司债券

一般而言，子女教育金规划并不鼓励客户采用风险太高的投资工具，例如股票与债券。但如果子女教育金规划期较长，这些工具则可以采用，它们相对较高的回报率可以帮助客户较早地完成子女教育金规划。另外，基金由于自身的特点，特别是一些平衡型基金，也很适合作为子女教育金规划工具，目前很多银行推出了“基金定投”业务，是一种值得推荐的子女教育金规划工具。

3. 大额可转让存单

大额可转让存单与整存整取定期储蓄基本相同，但利率一般可上浮一定比例，因此回报率相对较高，安全性和收益性的协调是其成为较好的子女教育金规划工具的主要原因。

4. 教育信托基金

此类基金由客户购买，受益人是客户的子女。尽管子女在成年之前对资金并没有支配权，但在许多国家该基金的收益可以享受税收优惠。客户在投资此类基金之前，必须先按照有关法律将资金转到子女的名下，这样才能保证将来基金的收益用于教育。如果子女未能上大学，则基金的收益应按照合同的规定转为其不动产或其他资产。

5. 共同基金

这种投资方式的最大优点就是其多样化的投资和灵活性。同样，可以在需要时将资金在不同的基金之间转换。

三、短期子女教育金规划工具

如果教育计划进行得比较晚，在短期内就需要一笔资金来支付子女的教育费用，则应考虑通过贷款来实现目标了。采用贷款这种方式很容易占用退休规划资金，所以在做决定之前应该慎重考虑，并确保不会影响退休规划和其他安排。一般情况下，可以首先考虑让子女就读学费较低的学校。其次，可以将债务归在子女的名下，自己作为债务的担保人或第三方，只有当子女的财务状况显示其无法偿还债务时，才需要为其承担此义务。

不少大学为了吸引更多的优秀学生，可以为本校学生提供低息贷款。

另外，还可以争取政府和资助性机构的贷款，如我国的政策性助学贷款，但这类贷款有严格的限制，不容易取得。当然也可以选择银行贷款，银行贷款一般没有特别的要求和限制，但必须支付较高的利息。

子女教育金规划案例一：经济型家庭的子女教育金规划

吴女士40岁，离异，女儿17岁，再过1年就要上大学。家庭资产状况是：1套价值30万元的自住房产；积蓄3万元。目前收支状况是：吴女士本人月收入2 000元，孩子的父亲每月支付抚养费400元；吴女士及女儿每月生活费为1 500元，每月给吴女士父母赡养费200元。

一、家庭资产分析

吴女士每月收支状况见下表。

吴女士每月收支状况 单位：万元

收入		支出	
本人工资	0.2	生活费	0.15
子女抚养费	0.04	父母赡养	0.02
收入合计	0.24	支出合计	0.17
每月节余 0.07			

吴女士资产负债状况见下表。

吴女士资产负债状况 单位：万元

资产		负债	
房产	30		
储蓄	3		
资产合计	33	负债合计	0
净资产 33			

二、子女教育金规划

吴女士有总资产33万元，但主要是房产，且生活负担较重，日常收支节余少；女儿很快就要上大学。因此，对于吴女士来说，近几年的主要理财目标是子女教育和家庭的财务安全，理财主要原则是资产保值并保持较好的流动性，以满足日常开支、突发事件及女儿1年后大学教育的资金需要。

假设女儿大学4年费用共计4万元，具体规划安排如下：

1. 教育储蓄计划

用户口本以吴女士女儿的名字开设教育储蓄账户，从现在开始为孩子进行为期3年的教育储蓄。从储蓄账户中每月自动转存555元到教育储蓄账户，3年共存2万元，到大学三年级开始时取出。教育储蓄作为零存整取储蓄将享受整存整取利息，利率优惠幅度在25%以上，而且享受利息免税优惠政策。

2. 教育助学贷款

在大学一年级入学时，可凭学校入学证明，用30万元的住房从银行申请2万元教育助学贷款，用来支付大学一、二年级的学费、生活费，此项贷款每季度扣息，毕业后3年内归还本金。

子女教育金规划案例二：富裕型家庭的子女教育金规划

李先生，40岁，儿子14岁，2年后想去加拿大留学读高中直到硕士毕业。李先生家庭经济实力较强，已准备50万元出国留学费用。李先生全家都有较充足的保险保障。

第一步：教育资金需求。

按现在的费用水平，小孩到加拿大读书的资金需求为：高中3年，每年约12万元；本科4年，每年约12万元；硕士2年，每年约15万元。但该数据为现在的数据，以后的费用可能增长，我们按年均3%的增长率规划将来的教育费用，则将来小孩在加拿大留学的费用如下表示。

李先生儿子加拿大留学预计费用

留学阶段	高中			本科				硕士	
年份	2012	2013	2014	2015	2016	2017	2018	2019	2020
子女年龄	16	17	18	19	20	21	22	23	24
费用（万元）	12.7	13.1	13.5	13.9	14.3	14.8	15.2	19.6	20.2

第二步：已有教育资金安排。

李先生已经为小孩准备了50万元的出国留学费用，建议将该笔资金安排为子女国外前4年的教育费用的需要——前4年的教育费用合计53.2万元。

考虑到2年后小孩就要出国就读高中，已有的这一笔资金进行保守的储蓄投资安排：将现有的50万元等分为4笔定期存款，每笔12.5万元，考虑到现在利率偏低，可以都安排为1年的定期存款，避免存期过长而造成利率损失。

小孩出国留学当年，支取其中最快到期的一笔定期存款。

特别说明：

该笔资金的定期储蓄投资收益率假设为年均2%。如果能保持2%的收益率，到小孩留学后的第4年末，还可以剩余0.4万元。

第三步：不足教育资金安排。

已有50万元教育资金只能满足孩子前4年（高中3年、本科第1年）教育费用需要，本科后3年和硕士2年的费用需要另行筹备。按3%考虑教育费用的增长率，后5年教育费用累计需要84万元。

如果从现在开始积累不足的教育资金，到现在已有资金支取完（本科2年级开始），还剩余约6年时间。如果该笔资金积累能保持年均5%的收益率，6年内要积累84万元资金，每年需要追加教育资金约12.4万元。

该笔资金要达到5%的年均收益率，按中国金融市场相关投资品种的历史表现，比较有效的投资安排是银行存款60%、债券10%、基金25%、股票5%，即每年初将7.4万元、1.2万元、3.1万元和0.6万元分别投资到银行存款、债券、基金和股票。

考虑到资金的安全性，建议将该笔资金分成5等份，全部转移到基本没有风险的储蓄或债券产品。

特别说明：前6年的预期收益率为5%，后5年的预期收益率为2%。

上述投资能否最终实现年均5%或2%的收益率，取决于未来国内市场表现。6年后，如果该笔资金未达到目标累计金额——84万元，不足部分可以一次性从当年的收入或家庭已有财富积累中支取补足，也可以在费用支取当期分次从当年收入或已有财富积累中支取弥补。

特别说明：

如果费用增加，某笔定期存款支取时，不能满足当期孩子教育费用，可用财富积累或当期收入弥补。

该安排未考虑人民币对加拿大元的汇率变化，如考虑到人民币升值趋势，汇率变化应该不会增加孩子在加拿大的教育资金需求。

第九章　养老和遗产规划

第一节　养老规划的基本知识

一、养老规划的含义

通俗地说，养老规划就是为保证将来有一个自尊、自立、保持水准的养老生活，而从现在起就开始实施的财务方案。现在养老老人中许多人除了依靠子女赡养、维持饮食起居不匮乏之外，只有少部分的人能够有足够的金钱来完成人生中尚未实现的梦想，如果不幸罹患疾病，又没有足够的保险保障，就对子女造成极大的财务压力。所以，如果自己手里没有一笔丰厚的养老基金，想要维持有尊严、体面的晚年生活并不现实，甚至无法满足老年人对安全与幸福感的基本需要。

养老规划主要包括养老后的消费、其他需求及如何在不工作或没有收入的情况下满足这些需求。单纯靠政府的社会养老保险，只能满足一般意义上的养老生活。要想养老生活得舒适、独立，一方面可以在有劳动能力时积累一笔养老钱作为基础，另一方面也可在养老后选择适当的业余性工作为自己谋得补贴性收入。

二、养老规划的必要性

养老生活通常占了人们 1/3 的生存时间，是充分享受人生的最好时期。安排好养老生活将是您达到财务自由的最终目标。从某种意义上讲，所有的个人理财规划，最终都是为富足养老服务的。忽略养老规划的重要性和紧迫性，将来就可能会陷入严重的困境，晚年生活将得不到保障。如果想晚年活得有尊严，过上高品质的生活，那么及早设计自己的人生理财规划，主动地面对问题而非被动地等待是非常必要的。

（一）养老生活时间在增加

科技进步、经济增长方式的变化以及高等教育的普及等原因大大推迟了个人就业的年龄，而与此同时人们的养老年龄却没有延伸，甚至有所缩减，其结果就是人们的工作年限减少，这就意味着为未来进行经济积累的时间减少。此外，随着生活水平和医疗水平的提高，个人的平均寿命相比以前有了快速的增长，如此一来，造成的结果就是现代人的养老生活大幅延长（见图9-1）。不言而喻，更长的养老生活需要人们在养老之前积攒起更多的储蓄，因此如何未雨绸缪地进行更好的养老规划就变得非常重要了。

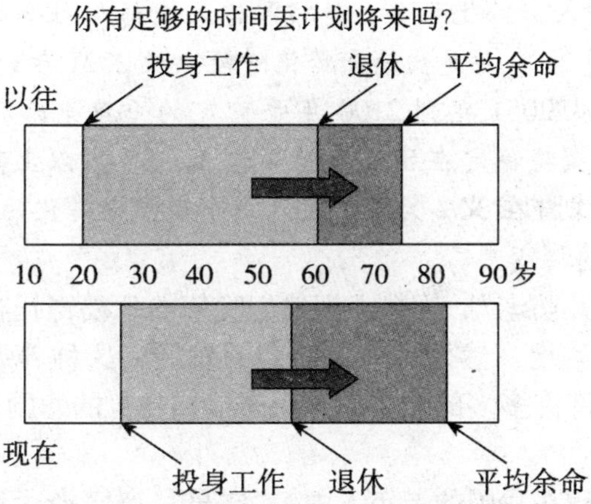

图9-1 现代人的养老后生活在延长

（二）老龄化趋势不可逆转

根据美国最新的调查报告显示，在美国，100个老人中，只有9个养老后会有富足的财产，46个过着一般人的生活，有20个处于贫困状态，还有25个已经过世了。在中国，很多大型城市已经提早进入了老龄化。人口老龄化日趋严重，已成为中国未来人口发展过程中不可逆转的趋势。因此，如何在未来谋求一份令人满意的养老生活，就成为我们要提前考虑并计划的事情了。

❀ **资料9-1**

中国即将迎来老龄化社会

中国老龄工作委员会办公室于2006年2月24日发布了《中国人口老龄化发展趋势预测研究报告》，称中国将面临人口老龄化和人口总量过多的双重压力。这是中国首次发布关于人口老龄化的报告。该报告指出，目前，老龄化压力已经开始显现，中国21个省（区、市）成为人口老龄型地区，上海居首，北京第四。报告认为，中国进入老龄化社会的速度明显快于进入现代化的速度，发达国家进入老龄化时，人均GDP已经达到5 000~10 000美元，也就是先富后老；而中国目前人均国内生产总值才刚刚超过1 000美元，属于未富先老。在经济水平没有达到一定程度的时候，老龄化将会给中国带来许多问题，整个社会的消费结构、劳动力总量、社会保障等都面临巨大变化和挑战。

报告推测，到2050年，中国老龄化程度将达到30%。报告指出，中国已于1999年进入老龄化社会，是较早进入老龄化社会的发展中国家之一。从2001年到2020年是快速老龄化阶段；从2021年到2050年是加速老龄化阶段；而从2051年到2100年是稳定的重度老龄化阶段，这一阶段，老年人口规模将稳定在3亿人至4亿人，80岁以上高龄老人占老年总人口的比重将保持在30%左右，进入一个高度老龄化的平台期。

（三）观念的转变

俗话说“养儿防老”，无数人把他们晚年的幸福寄托在“子女是否孝顺”这个偶然因素上。然而，随着社会的发展，这种养老模式越来越显露出它的弊端，许许多多的老年人，正用他们自身的悲剧否定了这种养老模式。

据调查，目前在我国的老年人中，“空巢”率已经达到26.4%，这就意味着有1/4的老人身边无子女照料。随着我国家庭人口数量的减少，“空巢”家庭增多是必然趋势。

据统计，我国80%的家庭都已经是独生子女家庭了。独生子女们有的已长大成人，一个子女要养育两位老人，成家后，两人要养育四位老人甚至更多。他们既要努力工作，为社会做贡献，又要养育自己的子女，如此重的压力让他们不堪重负。甚至，现代为人父母者恐怕要提防“养老防儿”现象，因为越来越多的子女晚婚、不婚、失业或无力购房，父母养老后还得供子女吃住，或者子女收入有限，养儿不但无法养老，还要分摊养孙子女责任，甚至出现父母养老金被不肖子女花光的情况。

因此，在未来养老生活的安排上，“养钱防老”观念已取代“养儿防老”观念，成为新趋势。

（四）通货膨胀的严峻形势

在不断通货膨胀的社会环境中，人们在养老后不再工作而失去了稳定的收入来源，仅仅依靠统筹的社会保障系统来度过漫长的晚年生活是非常危险的。历史经验已经给我们带来警告，通货膨胀随着时间的发展对物价水平以及日常生活的影响日益加重，如果不能很好地保持增值水平，辛苦攒下的养老金也许就会被通货膨胀吞噬。

（五）养老后的医疗费用增加

无论年轻时多么强壮，随着年龄的增加，身体的机能也会衰退，体质减弱，各种疾病接踵而至。按照一般统计，老年人花费的医疗费用是年轻人的3倍以上。随着医疗体制的改革和医疗技术的发展，医疗费用的上涨速度惊人。有资料表明，我国医疗服务费用近年来增长速度过快，超过了人均收入的增长，医药卫生消费支出已成为我国居民继家庭食品、教育支出后的第三大消费。因此，养老后的医疗费用支出将成为养老规划的重要组成部分。

（六）养老保障制度的不完善

各国都有自己的养老保障制度，其制度体系各不相同，但都不能保证所有人的养老生活能够获得完善的保障。一般来说，社会保障体系提供的养老金只能维持生存，按目前的养老金提取比例，在未来社会平均工资稳定提升的前提下，不论现在工资多少，最后拿到的养老金数额差别并不大，因为社会统筹的养老保险保障的是老年人的基本生活。但是，并非每个人都希望在“温饱”状态下度过余生，尤其现在薪水较高的人，更担忧自己能否适应“由丰入俭”的生活。要想仅仅通过某项独立的养老保障制度获得足够的养老费用是不现实的，因此建立多渠道、多层次的个人养老保障计划是非常必要的。

❀ 资料9-2

打造养老后黄金岁月的六大误区

IARFC 国际认证财务顾问师协会运行长认为：

富足的养老生活，看政府有无能力及民众有无准备，不论哪个国家的政府，随着国民平均寿命延长及社会福利支出扩大，几乎都面临财政日见吃紧的现象，可预见的是政府能提供的养老金会相当有限，所以民众必须自求多福。

根据研究显示，民众面对养老规划时常存有许多误区，接下来针对这些误区做逐一分析。

误区一：起步太晚。

大部分的人在青壮年时都会将收入用来支付房贷、车贷、子女教育经费及日常生活费用，就算有了节余，也有不少比重是花在玩乐享受上，待接近中年后才想到养老规划，殊不知可能为时已晚，除了距养老年龄已近有较大的准备压力外，还失去了时间复利的效果，所以养老规划应趁早，在尽可能的范围内选择适当的工具作布局，才能收获较好的财富累积效果。

误区二：准备太少。

许多人进行养老规划时，都忽略平均寿命延长的问题，以至于养老准备不足。根据统计，至2003年，男性平均寿命是73岁，女性平均寿命是79岁。依笔者拙见，随着生化科技不断进步，20年后人类的平均寿命不排除会达到100岁。以平均寿命80岁为例，假设今年60岁养老的人，在工作30余年后，养自己20年应该还够；可是20年后才养老的人，万一平均寿命活到100岁，在工作30余年后，养自己40年就不知道够不够了。所以说，养老金若准备太少，必定无法应付平均寿命延长的问题。

误区三：低估物价上涨率。

稳定物价是任何政府最重要的政策，可是物价常受到景气、气候、供需、战争、投机等多种因素影响而波动，谁也不能排除物价逐年上涨的可能性。假设每年物价上涨2%，现在10元一杯的咖啡20年后大约要价15元，价格整整涨了50%，养老准备金若未随着调高，到时可能不敷使用。

误区四：投资错误。

每个人都希望能通过各种投资规划致富，当然也包含养老规划在内，然而却经常被各种投资风险弄得血本无归，最后落得一场空。投资风险有许多，例如投资时机的风险、财务杠杆的风险、转投资的风险、汇率的风险、利率的风险、通货膨胀的风险、被骗的风险等，都是运用投资工具进行养老规划时要注意的事项。

误区五：忽略风险变数。

进行养老规划的误区中，这种情况最严重，风险变数应考量到失业、失能、重大伤病、巨大灾害、侵权行为等，因为任何风险都可能破坏原本进行的养老规划，倘若不事先做好防范，到头来就别侈谈养老，反而可能是“休退”！

误区六：养老早期花费过多。

有些人刚从职场养老时领有一笔养老金，因当时手头宽裕，很容易花钱较无节制，若未适当控制，很快就将养老金花费殆尽，届时又不知如何是好，养老后的生活品质当然会大幅下降。

三、养老规划的原则

养老规划的总原则是：本金安全，适度收益，抵御生活费增长和通货膨胀。具体而言包括以下几个方面：

（一）尽早开始计划

许多人发现很难为养老打算。房贷、生活开销、孩子的教育占据了极大比重的支出，结果，直到 40 岁左右或更晚，他们才意识到养老安排需要提上议程，可惜为时已晚。越早开始为养老规划，实现养老生活目标的可能性越大。

（二）投资讲究安全

相对于年轻时候而言，养老之后已经没有时间接受失败重新开始了，所以针对养老所做的投资应该倾向于安全性，在此基础上尽量追求收益性。如果规划时间长，可选收益和风险相对较高的产品，时间会摊平风险；如果规划时间短，则可选储蓄和短期债券，确保本金安全。

（三）满足不同的养老需求，有一定弹性

因为通货膨胀以及其他不确定的因素的影响，在进行养老规划时，不要对未来收入和支出的估计太过乐观，很多人往往高估了养老之后的收入而低估了养老之后的开支，在养老规划上过于吝啬，不愿意动用太多的财务资源。所以，应该制定一个比期望略高的养老理财目标，多做财务上的准备，以应付意料之外的养老费用增长，宁多勿少。

四、现阶段我国居民个人养老规划的缺陷

我国正处于经济转轨时期，由于旧经济体制的遗留影响和人们观念更新的滞后，个人养老规划意识还很淡薄。众所周知，经济转轨之前我国实行的是相当严格的计划经济体制，在计划经济体制下生活的人们习惯了生老病死都由国家包干，长此以往，人们自然而然地形成了依赖思想，同时加上观念的落后以及国家立法和制度建设的不完善等其他一些具体原因，导致我国个人养老规划尚存在许多缺陷，具体表现如下：

首先，多数人没有建立起应有的养老准备。造成这种局面的原因除了长期以来依靠政府的心理外，还受到中国传统观念的影响，如“养儿防老”仍然是许多国人的执著信念。另外，许多经济基础较好的人也因为养老规划意识淡薄而未能意识到其重要性，许多人将本应用于养老计划的资金投向一些高风险的投资领域，一旦投资失败，养老生活也就没了保障。

其次，养老规划过于单一和保守。截至 2012 年底，我国居民储蓄余额近 40 万亿元。这一方面说明我国的金融市场尚不发达，人们的投资渠道狭窄；另一方面也说明人们的理财观念和知识的落后。养老资金聚集于收益率相当低的储蓄，面对日趋严峻的通货膨胀环境和未来的诸多不确定因素，不由得令人为之担心。

最后，政策的变动使个人养老规划压力剧增。一方面，我国养老金制度改革，原有的国家统包的养老金制度被社会养老保险制度所取代，养老人员的养老费用由国家负担转变为社会负担，其本质是靠个人在养老之前储备；另一方面，强制性的独生子女制度使得几千万独生子女要在不久的将来赡养父母，经济压力巨大。此外，我国目前的社会保障体系不但保障水平低，保障范围小，而且仍在不断变动中，这无疑会进一步加剧个人养老规划的难度。

❀ **资料 9-3**

个人养老财务规划在中国逐渐升温

一项调查显示，越来越多的中国人对养老之后的生活抱有积极乐观的态度。与此同时，对个人养老之后的财务规划正在逐渐升温。

国际知名财富管理机构安盛集团（AXA）2007 年 3 月 12 日发布了其《全球养老调查》（AXA Retirement Scope 2007）。16 个工业化国家和地区的 11 590 位受访者接受了此次调查，内容包括对养老生活的设想、准备、忧虑和期望等。

中国内地首次被列入调查范围，北京、上海、广州、天津和重庆 5 大城市的 1 003 名在职人士和 997 名养老人士接受了调查。

调查显示，中国人偏向早些养老，对养老生活充满热情。报告说："他们是所有受访国家和地区中最为快乐和满足的。他们对待养老积极活跃，希望与家人共享天伦之乐，并认为拥有充足的养老收入。"

根据相关调查，在职人士平均每月为养老投入储蓄的金额为 625 元，与受访养老人士平均每月 966 元的养老金水平相比，其比例超过 60%。报告认为，这意味着中国的在职人士已经充分认识到财富对未来养老生活的重要性。

报告显示，1/3 的受访在职人士已经开始为养老作筹备，平均开始年龄为 37 岁。"个人应为养老承担准备责任" 这一观点获得了 2/3 在职人士的认同。

缴纳养老金仍是中国人进行养老筹备的最主要方式。但调查显示，与老一辈相比，在职人士筹备养老金的方式正在迅速发生变化。通过购买寿险、投资股票基金或储蓄、投资房地产等方式为养老金作准备的受访者分别达到了 53%、35% 和 23%。

报告认为，在全球受调查的 16 个国家和地区当中，中国的情况比较特别：在尊重长辈和重视家庭的意义上，人们的观念与亚洲国家一致，而中国表现出来的乐观程度和积极主动性，则与欧美发达国家相似。

安盛在中国设立的合资企业金盛人寿保险有限公司（AXA Minmetals Life Insurance）总裁马哲明（Jamie McCarry）表示，这得益于近年来当地经济的改革和飞跃发展。马哲明透露，金盛将借鉴安盛集团多年来丰富的经验，结合对中国国情的理解和研究，开发出一整套养老规划服务，以满足中国人对个人养老财务规划的需求。

资料来源　佚名．个人养老财务规划在中国逐渐升温［EB/OL］．新华网，［2007-03-14］．http：//news. xinhuanet. com/life/2007-03/14/content_ 5845346. htm.

五、养老规划需要考虑的因素

1. 预期寿命

预期寿命的多少意味着个人养老后要生活的时间，总的来说，越长的预期寿命将会花费越多的养老费用，这会直接影响到养老规划的目标与策略。

2. 性别差异

尽管男女平等是社会日益进步的表现，但是不可否认性别差异始终存在。一般而言，女性的寿命比男性长，而在很多国家女性的养老年龄却要比男性提前（如我国法定退休年龄男性是60岁，女性是55岁），再加上一些其他原因，这就造成了很多情况下女性的养老状况要差于男性。

3. 养老年龄

在能工作的情况下，养老年龄取决于工作年龄，即退休年龄。这对养老规划会产生两方面的影响，一方面会影响个人赚取收入的时间（积累时间）；另一方面会影响个人养老后生活的时间长短。另外，有劳动能力的年龄长短也会决定养老年龄。

4. 经济运行周期

显然，在经济处于繁荣期积累养老储备是有利的；反之，则是不利的。而对于已经开始养老生活的人而言，经济周期的更替将改变其相对经济地位，进而影响其社会地位。从中国经济增长的长期趋势来看，中国经济转轨所实现的静态增长过程将逐渐结束，显然这种情形对正处于积累养老储蓄的个人而言是有利的。因此，这也可能正是当前我国居民进行个人养老规划时最有利的外部条件。

5. 利率及通货膨胀的长期走势

根据简单的复利（或贴现）公式，利率对投资品价值的影响不言而喻，有时甚至是最主要的决定因素。此外，由于利率常常与通货膨胀联动，因此利率的长期走势还将与物价因素一起影响个人养老的生活品质。

6. 其他不确定因素

其他不确定因素包括通货膨胀、个人和家庭成员的健康因素、医疗保险制度的变化等。

第二节 如何建立养老规划

个人养老收入的来源可以概括为三个方面：一是社会保障，主要包括社会养老保险和医疗保险；二是商业保险，主要是商业年金保险；三是个人为养老准备的资金，包括储蓄、房产和基金等。

一个完整的养老规划，包括工作生涯设计、养老后生活设计及自筹养老金的储蓄投资设计。由养老生活设计推算出养老后到底需要花费多少钱，由工作生涯设计或积攒资金的多少估算出可领多少养老金（企业年金或团体年金），最后，养老后需要花费的资金和可受领的资金之间的差距，就是应该自筹的养老资金。因此，养老规划的一般步骤包括五个环节（见图 9–2）。

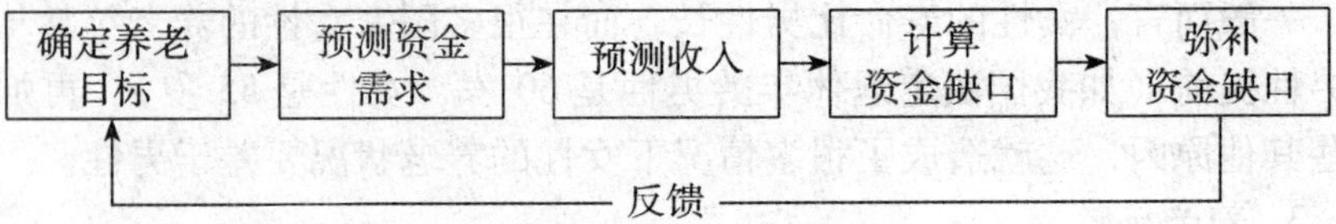

图 9–2 制定养老规划的步骤

一、确定养老目标

养老目标也正是个人养老规划所要实现的目标，它包括人们期望的养老年龄和生活状态。

1. 养老年龄

期望的养老年龄是个人养老规划的起点，在个人预期寿命不变的情况下，积累养老收入的时间（养老前）与养老后生活时间此消彼长。对于希望提早养老的个人而言，较短的积累期和较长的消耗期需要较高的积累比例来维持（见表 9–1），这就意味着要大幅缩减当前消费，甚至降低当前消费质量，同时个人的紧急备用金储备也将缩减；反之，则在积累期的生活就比较从容。

2. 养老后的生活状态

虽然养老规划的目标是实现甚至提高个人养老后的生活质量，但个人期望的生活方式和生活质量不能脱离现实，仍然应当建立在对收入和支出进行合理规划的基础上，因为毕竟养老规划所能实现的额外收益是有限的。

表9-1　**养老本金积累表**　单位：元

积累期（65岁养老）	每年积累20 000元				每年积累50 000元			
	收益率				收益率			
	4%	6%	8%	10%	4%	6%	8%	10%
10年（55）	24 010	26 360	28 970	31 870	60 030	65 900	72 440	79 690
20年（45）	59 560	73 570	91 520	114 560	148 890	183 930	228 810	286 370
30年（35）	112 170	158 110	226 560	328 980	280 420	395 290	566 410	822 460
40年（25）	190 050	309 502	518 100	885 160	475 120	773 790	1 295 260	2 212 900

应当注意，以上两个目标并非孤立存在的，它们之间互相关联，有时甚至此消彼长。例如，在其他条件不变的前提下，为了享受高质量的养老生活，个人必须推迟养老年龄，延长积累时间；反之，为了更早地享受养老生活，有时不得不降低养老后生活状态的预期。此外，还需要估算预期寿命。

二、预测资金需求

不同的养老目标对应着不同的资金需求，因此我们在确定自己的养老目标后，接着要考虑的就是将养老目标财务化。有个简单的方法可以实现这个工作，就是以当前的支出为基础，仔细分析养老前后支出结构的变化，然后按差额进行调整即可得到养老后的支出额（见表9-2）。

表9-2　**养老后支出变化表**

养老后增加的开支	养老后减少的开支
水电及杂费	衣服、化妆、首饰
家居保养	交通费
旅游及娱乐	按揭贷款
医疗费用	税费
……	……

一般来说，养老之后我们日常的消费会相应减少，基本维持养老生活的月费用占到养老前月支出的70%～75%。这样也就可以算出预计养老后的年支出。

计算养老费用，我们要综合考虑以下几个方面：

1. 预期养老后第一年的月或年生活支出费用；

2. 通货膨胀率，更精确地说是各项费用成长率；

3. 投资回报率；

4. 目前到养老时的年限；

5. 养老后的预期余寿。

具体计算方法如下：

1. 按目前的物价估计养老后第一年的月费用（A）；

2. 根据费用成长率（C）以及目前到养老所经历的年限（n）计算出按养老时物价水平第一年所需的生活费用（E）；

3. 根据第一年所需的生活费用（E）、费用成长率（C）、投资回报率（R）和养老后的预期余寿（N）计算出养老时所需准备的养老总费用（T）。

下面给出具体计算公式：

$$E=A\times12\times(1+C)^{n}$$

养老第一年所需的生活费用：

$$E=A\times12\times(1+C)$$

养老时所需准备的养老总费用：

$$T=E\frac{1-\left(\frac{1+C}{1+R}\right)^{N}}{R-C}$$

按目前的生活水准，将个人生活需求水平分以下几个等级（以京沪为例）：

1. 基本水平需求：每月 2 000 元；

2. 平均水平需求：每月 3 000 元；

3. 舒适水平需求：每月 5 000 元；

4. 满意水平需求：每月 8 000 元。

【例 9-1】小刘今年 36 岁，计划 60 岁时养老，预期寿命 80 岁。他想在养老后拥有一个相当于现在的每月 2 000 元收入的生活，即每年 24 000 元。根据中国目前的物价增长水平及投资回报情况，我们假设年费用成长率（C）为 5%，年投资回报（R）率为 6%，根据公式计算：

养老后第一年生活费用为：

$$E=A\times12\times(1+C)^{n}=2\,000\times12\times(1+5\%)^{60-36}=77\,402\text{（元）}$$

养老后养老总费用需求为：

$$T=E\frac{1-\left(\frac{1+C}{1+R}\right)^{N}}{R-C}=77\ 402\times\frac{1-\left(\frac{1+5\%}{1+6\%}\right)^{80-60}}{6\%-5\%}=1\ 336\ 556\text{（元）}$$

仔细算一下，养老费用数额的确是非常庞大的，所以及早准备是十分必要的。如果能选择较好的投资回报工具，养老费用准备起来并不是十分困难。每个人都拥有安度晚年的权利，但不是每个人都能在年轻时给自己创造出这个条件的。

三、预测养老收入

要实现我们的养老目标的基础是有一定的收入来源，在本章第二节中已经介绍了构成养老收入主要来源的社会保障体系、年金保险和个人自筹资金。所以，我们预测的养老收入主要是由社会保障收入、雇主养老金、补贴、儿女孝敬、投资回报和其他收入组成的，同样，最简单的方法还是通过比较养老后收入的变化来估算（见表9–3）。

表9–3　**养老后收入变化表**

养老后收入增加项	养老后收入减少项
公积金	工薪收入
存款利息	交通补贴
投资收入	奖金
房租收入	在职福利
……	……

四、计算养老资金缺口

对比预测的养老后收支差额，就可以知道养老资金缺口，即个人需要弥补的部分。如果收支差额为正，意味着收入足以满足实现养老目标，那么注意资金的安全是首要的；如果收支差额为负，则要制订出相应的计划赚取收入来弥补。需要提醒的是，要考虑利率变动和通货膨胀的影响。

❀ **资料9–4**

养老时需要多少养老金来弥补缺口

如果计划55岁就开始养老，早早地享受生活。目前月收入3 000元，按照3%的通胀率计算出在55岁那年要维持原有的生活水平大概一年需要54 000元。而在养老的20年中，这笔消费支出每年都在以3%的通胀率增长（见下图），20年的总和大约是160万元。

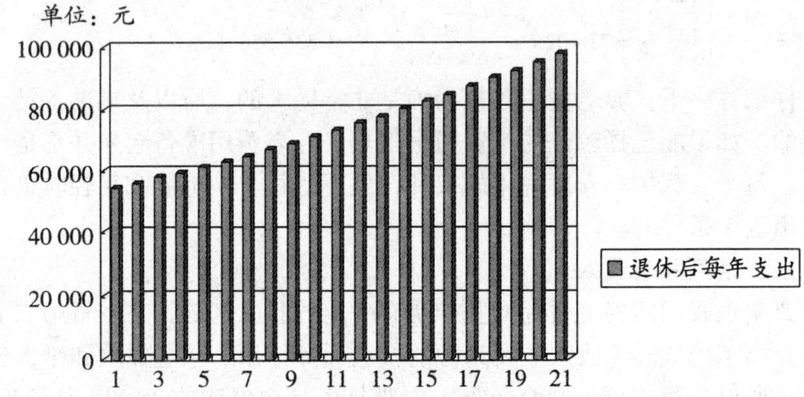

养老后每年支出

如果开始养老的第一年将从社会保障中得到养老金 19 632 元，55 岁养老时的缺口约为 35 000 元（54 000－19 632＝34 368），在养老后的 20 年中，假设年通胀率为 3%，这个缺口将会以每年 3% 的速度继续增大，20 年后总计大概是 100 万元（见下图）。

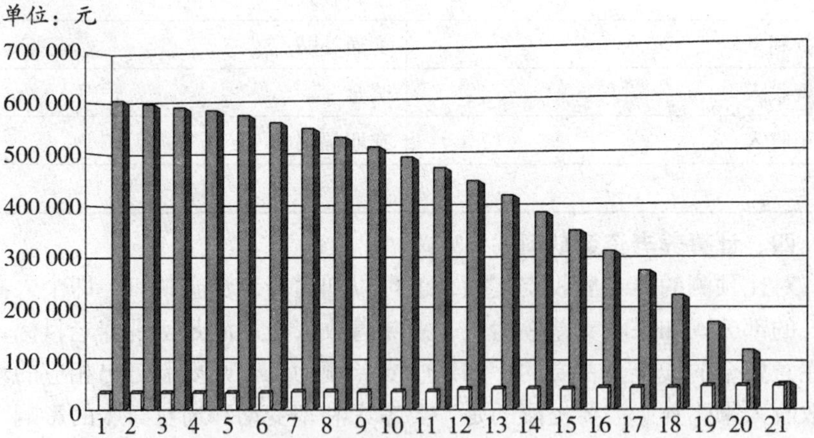

养老金缺口

五、制订计划弥补资金缺口

如何为估算的养老资金缺口寻找资金来源是养老规划的最后步骤，你应该制订一个相应的计划来实现它。这个计划可以包括寻找额外收入、参加具有更大收益的保障计划、扩大投资额等，如果计划不成功，可能就不得不降低养老生活目标了。

❀ **资料9-5**

养老规划案例分析

43岁的王先生和同龄的王太太收入丰厚，年薪加起来约26万元，年终还有总计50万元的奖金。女儿今年念初中，准备6年后出国深造。家庭每月开支在8 300元左右，夫妻俩分别投有寿险和意外险，女儿也投有一份综合险，加上家庭财产险等，每年的保费总支出为3万元。除去其他各种不确定费用3万元左右，每年能有约44万元的现金流入。

王先生家有一套现值为150万元的房产，用于自己居住。夫妻俩没有炒过股，也没有买过基金或债券，余钱基本上都存进了银行，现有活期存款5万元，定期存款40万元。夫妻俩对养老生活要求较高，希望至少不低于现在的生活质量，并且由于两人身体都不好，他们希望10年后能够提前退休，开始养老生活。

一、养老规划分析

进入40岁，家庭一般处于成长期，工作和生活已经步入正轨。对于此前已经通过投资积累了相当多财富、净资产比较丰厚的家庭来说，不断增长的子女培养费用不会成为生活的负担，一般性的家庭开支和风险也完全有能力应付。因此，可以抽出较多的余钱来发展大的投资，因此，这部分人应该是投资的积极分子，努力通过多种投资组合使现有资产尽可能地增值，以不断充实自己的养老金账户。但是，养老规划总的来说应该以稳健为主，稳步前进。针对这一年龄阶段的特点，专家指出，应该分三步制订未来的养老计划。

第一步：估算需要储备的养老金。

日常开支：王先生家庭目前每月的基本生活开支为8 300元。假定通胀率保持年均3%的增长幅度，按年金终值计算法，养老后王先生家庭要保持现在的购买力不降低的话，老两口总共需要支付167万元的费用。

医疗开支：由于王先生夫妇两人身体都不好，又没有购买任何商业保险，因此医疗方面的开支将是老两口最重要的一项开支。假定两人养老后平均每人每年生病4次，每次平均花费3 000元，那么27年看病的总花销就是64.8万元。每月的护理更是少不了的，假定每人每月护理费为1 000元，那么27年总共需要的护理费是64.8万元。如此一来，王先生夫妇的养老金中仅医疗需求就达到了130万元。

旅游开支：假如平均一年旅游2次，每次平均花销1.5万元，总共需要的旅游费用为81万元。

因此，王先生家庭需要的养老费用大约是378万元。

第二步：估算未来能积累的养老金。

我们来看看王先生和王太太从现在到80岁总共能拥有多少资金用作养老资产。

王先生夫妇的收入来源比较简单，主要来源于以下两个方面：

工资收入：王先生和王太太目前离退休养老还有10年，10年中能积累的工资收入为22 000元×12月×10年，即264万元，加上10年的年终奖金50万元×10年，即500万元，总共是764万元。

存款收入：假定年平均利率为3%，按照复利计算，王先生的定活期存款45万元，存37年后本息总计为134万元。

王先生夫妇的收入虽然比较高，但是支出也较大，还有女儿留学等大笔费用需要支付，因此，我们假定上述共计943万元的总收入当中有30%可以留存下来用做养老，那么，夫妇两人能够为自己积累的养老金也就283万元。

另外，王先生夫妇目前住的房子虽然市值高达150万元，但因为该套房仅用做自住，并非是投资性房产，所以，不计入养老费中。

第三步：估算养老金的缺口。

需要储备的养老金减去能够积累的养老金，得出的结果是相差95万元。

二、养老建议

1. 王先生家所有的结余基本上都沉睡在银行里。如此丰厚的收入却不让钱为自己打工实在是可惜。假如从现在起到养老前每年从结余中提取10万元投资，收益率为7%，10年以后便能拥有138万元的金融资产。如果在以后的年月里继续追加投资，王先生家的资产将会达到天文数字。

2. 如果王先生对金融产品不感兴趣，建议王先生做一些房产投资，从长期来看，房产投资比较稳健，收益率也较好，养老后以房养老也是一个很不错的选择。

所谓“量入为出”，有什么样的收入水平就有什么样的支出水平。从上述的案例中可以看出：王先生一家虽然资产雄厚，但要高质量养老，仍有不小的资金缺口。这就提醒我们，无论您目前的家庭财务状况多么好，花钱不愁，但如果不能做一些提前规划的话，仍有可能达不到真正的“财务自由”的境界。

第三节 遗产规划

一、什么是遗产规划

（一）遗产的概念

遗产是被继承人死亡时遗留的个人所有财产和法律规定可以继承的其他财产权益，包括积极遗产和消极遗产。积极遗产指死者生前个人享有的财物和可以继承的其他合法权益，包括所有的现金、证券、公司股权、不动产和收藏品等。消极遗产指死者生前所欠的个人债务，包括贷款、应付医疗费用和税收支出等。遗产具有如下法律特征：

1. 遗产是公民死亡时遗留的财产。公民活着时，其财产不是遗产。

2. 遗产是公民个人的财产。公民个人财产包括公民个人单独所有的财产，也包括公民与他人共有财产中应属该公民所有的份额。

3. 遗产是公民的合法财产。非法侵占的国家的、集体的或者其他公民的财产，以及依照法律规定不允许公民所有的财产，不能成为遗产。

（二）遗产规划的概念

遗产规划是将个人财产从一代人转移给另一代人，从而实现个人为其家庭所确定的目标而进行的一种合理财产安排。其主要目标是帮助投资者高效率地管理遗产，并将遗产顺利地转移到受益人手中。

二、为什么要进行遗产规划

人总不免一死，怎样才能使财产最大限度地留给后人呢？当重病的时候，又怎样来保证后续的治疗费用呢？又有谁来安排好配偶和子女的未来呢？遗产规划可以起到很好的帮助作用，为一生的财产规划画上一个圆满的句号。

概括而言，遗产规划起码有两个作用：一是通过规划尽可能顺利地将遗产传给希望的继承人，避免纠纷。如果事先有周密的遗产计划和善后安排，就能尽可能多地将财产遗留给自己愿意分配的对象。二是通过规划以尽可能少的成本将遗产传承下去，避免耗损。合理的遗产规划可以减少遗产转移过程中的费用。首先是遗产税，在国外也叫“死亡税”。目前，全世界大约有 2/3 的国家和地区征收这种税，很多国家对遗产制定了很高的税率。其次，有的国家虽然没有开征遗产税，但是在进行遗产处理的时候仍然需要缴纳公证、判决等费用。

遗产规划是个人理财规划中不可缺少的部分，又是一个家庭的财产得以世代相传的切实保障。西方国家对公民的遗产传承有着严格的管理和税收规定，所以其国民对于遗产规划有着很高的需求和认识。我国虽然还未正式开征遗产税，但在不久的将来有可能提上议事日程，所以学习遗产规划的知识对于我们来说是非常必要的。

❀ **资料9-6**

世界各国（地区）遗产税概况

目前世界上开征遗产税的国家和地区约有74个。大多数的经济发达国家和新兴工业化国家都征收遗产税和赠与税。

目前世界上的遗产税制度可以分为总遗产税制（对遗产总数征税）、分遗产税制（在遗产分割按继承人继承财产分别征税）和混合遗产税制（在遗产分割前征税并对分割后继承财产征收继承税），以前两者居多。

● 美国

美国的遗产税制属于总遗产税制，遗产税和赠与税合并采用统一的累进税率，最低税率为18%，最高税率为50%，后者适用于遗产额达到2 500万美元以上的纳税人，当中包括其个人在世界各地的所有资产。另外，遗产额在60万美元以下者免征遗产税，而对于非居民，只须对在美国本土内的资产支付遗产税，最低税率为6%，最高税率为30%。目前最高的遗产税率是48%，但会逐步降低，到2009年约为45%。2010年，遗产税被取消，但到了2011年恢复征收，且税率高达55%！

● 日本

日本采取继承税制，即根据各个继承遗产数额的多少课税，是典型的分遗产税制。对居民而言，不论其继承的遗产是在境内还是在境外，都要对其遗产征税；对非居民，仅就其在日本继承的遗产承担纳税义务。日本继承税税率共分13个档次，从10%到70%。

● 意大利

意大利是实行混合遗产税制的国家，其征税方法是先按遗产总额征收遗产税，然后再按不同亲属关系征收比例不一的继承税。纳税人分为两类：一类是遗嘱执行人和遗产管理人；另一类是继承人或受赠人。对第一类纳税人统一采用第一种累进税率，对第二类纳税人则根据其与死者的亲疏关系采用不同累进税率。

● 英国

英国居民在全世界各地的所有资产都需要支付遗产税，而非英国籍人士只有在英国国内拥有的资产才需要支付遗产税。目前的遗产税率是40%。

● 德国

德国实行分遗产税制，实行7级超额累进税率，其税率从7%到50%不等。

● 中国香港

中国香港立法会于2005年11月2日通过《2005年收入（取消遗产税）条例》，2006年2月11日正式生效，遗产税被取消。2006年2月11日零时以后去世的香港人，其遗产不再被征收遗产税。

三、遗产规划工具介绍

遗产规划的工具很多，如保险、亲人借贷、年金、信托等。有些很容易做，有些代价非常昂贵，但因为有些可以节省巨额遗产税，所以还是应该了解。如果遗产完全免税，这些节税工具就都失去效用，如果合约不能废除，那么损失是很大的。所以，在做遗产规划时，要把规划工具的成本和废除条款都列入考虑之中。

（一）遗嘱

遗嘱是遗产规划中最重要的工具，但也常常被我们所忽视。许多人由于没有制定或及时更新遗嘱而无法实现其目标。我们需要依照一定的程序订立遗嘱文件，明确如何分配自己的遗产，然后签字认可，遗嘱即可生效。一般来说，需要在遗嘱中指明各项遗产的受益人。

遗嘱给予了个人很大的遗产分配权力。遗嘱可以分为正式遗嘱、手写遗嘱和口述遗嘱三种。正式遗嘱最为常用，法律效力也最强。它一般由当事人的律师来办理，要经过起草、签字和见证等若干程序后，由个人签字认可，也可以由夫妇两人共同签署生效。手写遗嘱是指由当事人在没有律师的协助下手写完成，并签上本人姓名和日期的遗嘱。由于此类遗嘱容易被伪造，在相当一部分国家较难得到认可。口述遗嘱是指当事人在病危的情况下向他人口头表达的遗嘱，除非有两个以上的见证人在场，否则多数国家不认可此类遗嘱的法律效力。为了确保遗嘱的有效性，一般建议采用正式遗嘱的形式，并及早拟定有关文件。

（二）遗产委任书

遗产委任书是遗产规划的另一种工具，它授权当事人指定的一方在一定条件下代表当事人指定其遗嘱的订立人，或直接对当事人遗产进行分配。通过遗产委任书，可以授权他人代表自己安排和分配其财产，从而不必亲自办理有关的遗产手续。被授予权力代表当事人处理其遗产的一方称为代理人。在遗产委任书中，当事人一般要明确代理人的权力范围。后者只能在此范围内行使其权力。

遗产规划涉及的遗产委任书有两种：普通遗产委任书和永久遗产委任书。如果当事人本身去世或丧失了行为能力，普通遗产委任书就不再有效。所以，必要时，当事人可以拟定永久遗产委任书，以防范突发意外事件对遗产委任书有效性的影响。永久遗产委任书的代理人，在当事人去世或丧失行为能力后，仍有权处理当事人的有关遗产事宜。所以，永久遗产委任书的法律效力要高于普通遗产委任书。在许多国家，对永久遗产委任书有着严格的法律规定。

（三）遗嘱信托

遗嘱信托（probate trust）是指通过遗嘱这种法律行为而设立的信托，也叫死后信托，当委托人以立遗嘱的方式，把财产交付信托时，就是所谓的遗嘱信托，也就是委托人预先以立遗嘱方式，将财产的规划内容，包括交付信托后遗产的管理、分配、运用及给付等，详订于遗嘱中。等到遗嘱生效时，再将信托财产转移给受托人，由受托人依据信托的内容，也就是委托人遗嘱所交办的事项，管理处分信托财产。与金钱、不动产或有价证券等个人信托业务比较，遗嘱信托最大的不同点在于，遗嘱信托是在委托人死亡后契约才生效。

遗嘱信托有时可以解决别的法律制度无法解决的问题，特别是在遗产处理方面更具有独特的作用。遗嘱信托规划在国外早已普及，但是由于我国忌于谈及身后之事，加之原无信托制度，所以造成诸多的遗产纠纷，既损害亲情，又不利于社会的安定。2001 年 10 月 1 日，《中华人民共和国信托法》生效，标志着我国信托制度确立。

遗产信托详见图 9–3。

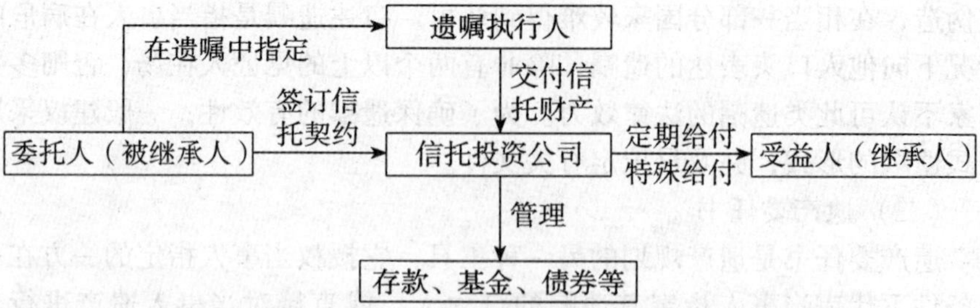

图 9–3　遗嘱信托架构

遗嘱信托适合以下人群：一是欲立遗嘱，却不知如何规划的人；二是对遗产管理及配置有专业需求的人；三是欲避免家人争产、想妥善照顾遗属的人。

遗嘱信托的特点是：（1）延伸个人意志，妥善规划财产；（2）以专业知识及技术规划遗产配置；（3）避免继承人争产、兴讼；（4）结合信托，避免传统继承事务处理的缺点。

通过遗嘱信托，由受托人依照遗嘱人的意愿分配遗产，并为特定人员而做财产规划，不但能有效防止纷争，并因结合了信托的规划方式而使该遗产及继承人更有保障。因此，遗嘱信托具有以下功能：

1. 可以很好地解决财产传承，使家族永保富有和荣耀。通过遗嘱信托，可以使财产顺利地传给后代，同时，也可以通过遗嘱执行人的理财能力弥补继承人无力理财的缺陷。

2. 可以减少因遗产产生的纷争。因为遗嘱信托具有法律约束力，特别是中立的遗嘱继承人介入，使遗产的清算和分配更公平。

3. 可以避免巨额的遗产税。遗产税开征后，一旦发生继承，就会产生巨额的遗产税，但是如果设定遗嘱信托，因信托财产的独立性，就可以合法规避该税负。

遗嘱信托，由于设定灵活，不同情况有不同的信托安排，所以信托的执行也就不同。被继承人可以安排在其去世后由遗嘱执行人清算其财产，然后按照其在遗嘱中的安排分配给继承人。这种安排，遗产分配后，信托关系终结。被继承人可以安排由遗嘱执行人经营管理财产，指定其继承人为受益人。这种安排一般是继承人年龄尚小或者因某种原因无理财能力。这种安排，在特定条件成就或信托目的实现后终结。当然，被继承人在设定遗嘱信托时，可以根据继承人的状况以及财产状况，非常灵活地进行设定，以实现财产的传承以及其他特定的愿望。

总之，信托制度弥补了原有继承制度的不足。被继承人能够通过信托实现财富的传承，还可以通过信托设计实现自己的各种未了的心愿。

（四）人寿保险

人寿保险在遗产规划中也有很大作用，在遗产规划中的作用主要体现在以下两方面：一是可以用身故保险金支付个人的企业和其他不动产上的遗产税，防止因无钱支付遗产税而被迫廉价出售企业或不动产；二是在许多国家（包括我国），身故保险金属于免税资产，终身寿险具有规避遗产税的功能，能减少遗产转移的成本。

❀ 资料9-7

人寿保险规避遗产税实例

我们举一个简单例子来说明，人寿保险是怎样规避遗产税的。

王总，40岁，男性。现有的资产在进行遗产税可扣除项目计算之后，进行缴税的资产刚好为1 000万元。如适用的税率是50%，也就是说，如果其本人身故，家人要缴纳高达500万元的遗产税。

我们帮助他购买500万元的终身人寿保险，保费每年是7.76万元。假设在第10个年头，王总因意外身故。

如果资产总值没有变化，仍然是1 000万元，那么交费基数变为：

$1\,000-7.76\times10=922.4$（万元）

此时如适用的税率变为40%，可以计算出应缴纳的遗产税：

$922.4\times40\%=368.96$（万元）

同时，获得保险公司500万元的赔付。

此时，家庭总资产为：

$1\,000+500-77.6-368.96=1\,053.44$（万元）

不但没有缩水，反而增加了53.44万元。

（五）赠与

赠与是指当事人为了实现某种目标将某项财产作为礼物赠送给他人，而使该项财产不再出现在遗嘱条款中。采取这种方式一般是为了减少税收支出，因为很多国家对于赠与财产的征税要远低于对遗产的征税。这种方法的缺点在于，一旦财产赠与他人，则当事人就失去了对该财产的控制，一般无法将其收回。

四、遗产规划策略

通过各种遗产规划工具可以帮助我们减少遗产传承过程中的成本，在进行遗产规划的过程中我们还需要制定一些有效的策略。

1. 审查遗嘱和财产规划，以确定需要采取哪些调整，从而可以受益于遗产税、赠与税方面的变化，并避免代价高昂的潜在陷阱。尤其要考虑是否需要改变或取消现有的免税信托的安排。

2. 利用可以最大限度节省遗产税的资产所有权形式，如有限责任公司或有限合伙公司的股权。

3. 审查对合资企业所有权的利用情况。确保配偶中每一方的名下都有足够的资产放在免税信托或其他遗产避税工具中。

4. 不要浪费政策中规定的每年免税赠与（如美国2006年为每人12 000美元）。

5. 将预期能够增值的资产赠与子孙辈，因为他们的收入税率较低（如在美国，对于未成年人，这样的资产的长期增值部分他们只需按5%缴纳收入税，不过要考虑儿童税法）。

6. 为受赠者直接向教育机构支付学费或直接向保健提供商支付保健费。如果合适的话，可以考虑多年学费赠与方式。

7. 将现有的寿险保单转换成寿险信托。购买任何寿险保单都通过寿险信托来进行。

8. 将迅速增值的资产放入让渡人持有的年金信托，或将这类资产出售给一个有意缺陷信托（intentionally defective trust）。

9. 重新考虑信托资产的组合情况，以利用较低的股利和资本收入税率。

10. 利用资产所有权的估值折价。

五、遗产规划的步骤

遗产规划的步骤包括计算和评估个人的遗产价值、确定遗产规划的目标、制订遗产计划及定期检查和修改四个方面（见图9-4）。

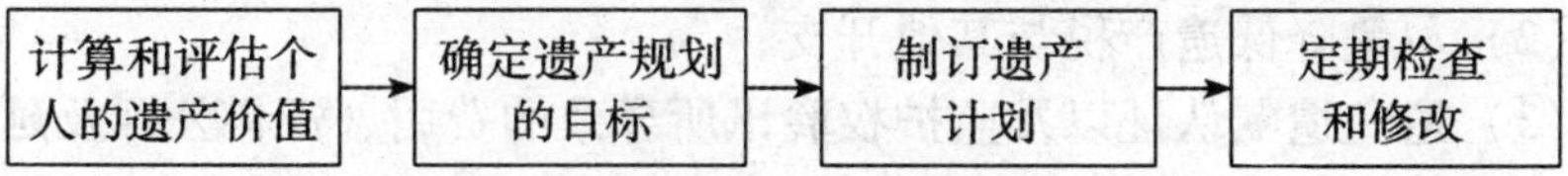

图9-4　制定遗产规划的步骤

（一）计算和评估个人的遗产价值

进行遗产规划的首要工作就是计算和评估自己的遗产价值。通过计算和评估遗产价值，可以帮助其了解自己拥有资产的种类和价值，了解与遗产有关的税收规定，为制订遗产计划奠定基础。

（二）确定遗产规划目标

在了解了个人的遗产价值之后，就要根据个人的目标期望、价值取向、投资偏好等确定遗产目标了，以下因素会影响遗产规划目标的确定：

（1）年龄；

（2）家庭成员和其他受益人的年龄；

（3）受益人的需要；

（4）遗产的现值；

（5）受益人的其他资产；

（6）受益人自己处理财务的能力。

具体的遗产目标包括：

（1）确定谁是遗产继承人，以及各自的遗产份额；

（2）确定遗产转移的方式；

（3）在与遗产的其他目标不冲突的情况下，尽量降低遗产转移的成本；

（4）为遗产提供足够的流动性资产以偿还其债务；

（5）保持遗产规划的可变性；

（6）确定遗产清算人员的构成以及遗嘱执行人等；

（7）计划慈善赠与。

遗产规划目标的特别之处在于：这一目标只有在当事人去世之后才能实现，而且必须通过相应的遗产清算人员和遗嘱继承人的帮助才能完成。

（三）制订遗产计划

制订遗产计划是遗产规划的关键步骤，一个合适的遗产计划既能确保未来的意愿得以实现，又能继续满足目前的需要，让人安枕无忧。遗产计划的作用在于：

（1）确保妥善分配资产；

（2）尽量降低遗产税与其他开支；

（3）避免遗嘱认证以及监护权聆讯所导致的费用、资料公开及延误。

在制订遗产计划时，应该针对不同个人的不同类型，制订不同的遗产规划工具组合。一般来说，应该注意以下几个原则：首先要保证遗产计划的可变性；其次要确保遗产计划的现金流动性；最后是尽量减少遗产纳税金额。

（四）定期检查和修改

个人的财务状况和遗产规划目标不会一成不变，遗产计划必须能够满足其不同时期的需求，所以对遗产计划的定期检查是必需的，这样才能保证遗产计划的可变性。一般而言，应该每年或每半年对遗产计划进行修订，下面列出了一些常见的事件，当这些事件发生时，遗产计划常常需要进行调整：

（1）子女的出生或死亡；

（2）配偶或其他继承者的死亡；

（3）结婚或离异；

（4）本人或亲友身患重病；

（5）家庭成员成年；
（6）继承遗产；
（7）房地产的出售；
（8）财富的变化；
（9）有关税制和遗产法变化。

附录　理财规划信息来源

本书虽然提供了成功地进行个人理财规划的基础，但是经济环境、社会状况以及技术变化等因素都会影响你的理财决策。你必须要不断更新并补充各种知识，这是你毕生需要掌握的经验，也是你一生持续成功理财的基石。

能够帮助你进行个人理财规划的信息和资源包括文字资料、金融机构、各种讲座和课程培训、互联网、计算机软件以及理财专家。

- 最新的期刊

各种理财期刊、各类期刊中的理财专栏以及各类理财专业书籍等，都可以扩大和更新你的理财知识面和提供最新的理财信息，你可以在图书馆、报刊亭、书报栏以及各种场所找到它们。

- 金融机构

一些金融咨询专家，如保险代理人、银行的理财顾问以及投资中介等都隶属于销售金融服务的机构和公司。各类银行、保险公司、证券公司、投资中介公司、理财协会以及房地产投资中介公司等通过全国或者地区范围的营销、展销活动提供各种有关理财的预算、储蓄、投资等信息。这些组织经常提供各种小手册、宣传资料、理财规划工作表、电话咨询服务、网站以及其他资料和信息。

- 课程和讲座培训

很多大专院校提供各类有关证券投资、房地产、保险、税收以及遗产规划等课程及专题讲座以增加你对个人理财规划知识的了解，大多数时候这些服务是要收费的。

政府、有关机构和行业协会组织也会提供社区讲座、家庭理财、住房、健康护理等持续性教育课程和宣传活动，并且能够带来最新和最权威的理财信息和政策解读，当然，最关键的是这些帮助大多是属于免费性质的公益活动，值得关注并参与。

各类民间组织、志愿者和社区企业组织也会经常定期举办免费或低价格的各类演讲和工作会议，介绍职业规划、小企业管理、预算、证券投资、保险、纳税申报等理财知识。

金融机构和金融服务协会也经常为现有客户和潜在客户以及会员提供各种讲座。

- 个人理财软件

各种计算机软件能够帮助你执行从理财记录到撰写遗嘱等各类个人理财规划活动。这些软件能将常见的理财规划步骤用系统的方式表示出来，并且能够提供人性化的功能。运用各种理财软件，能够使你从繁重的理财记录和分析计算中解脱出来，更好地运用你的头脑去进行理财决策。要注意的是，理财软件只是帮助你进行理财规划的工具和手段，能够提高你的理财效率而已，并不意味着一切理财工作都可以依赖软件进行，关键还是靠你自己。

这些理财软件包括工作表软件（如常见的 Excel）、资金管理和理财规划软件、个人理财记录软件、税收筹划软件、证券投资理财分析软件等，这些软件可以从软件商店、购买理财或计算机期刊获得赠送以及互联网下载等渠道获得。要注意的是，请尊重作者的劳动和版权，不要使用盗版。

- 互联网

互联网使你在办公室或者家中就可以获得比图书馆更多的理财信息和资料。你可以使用互联网进行各类个人理财规划活动，包括：（1）获取和研究最新理财信息；（2）获得计算机理财软件；（3）监督最新的股票和投资价值；（4）通过咨询热线、公告板服务以及相关理财论坛获得专家咨询服务。

你可以使用搜索引擎寻找特定主题的网站和理财信息，最常用的搜索引擎包括：

Google 简体中文：http：//www. google. cn/

百度：http：//www. baidu. com/

雅虎搜索：http：//www. yahoo. cn/

中国搜索：http：//www. zhongsou. com/

搜狗搜索：http：//www. sogou. com/

爱问搜索：http：//iask. com/

各类搜索引擎的运行方式各异，特色不同，一些搜索引擎只寻找主题，另一些进行内容特定词搜索。在进行网络搜索时，一定要注意研究和掌握搜索技巧，例如，如果要了解住房的借贷成本，用“住房+贷款+利息”的搜索组合就比单纯使用“利息”进行搜索的准确性高。

另外，网络上还有很多专业的理财网站，提供大量的理财信息和理财咨询服务，下面介绍几个比较有特色的理财网站：

新浪财经——理财频道：http：//finance. sina. com. cn/money/index. shtml/

网易财经——理财频道：http：//finance. 163. com/money/

搜狐理财：http：//money. business. sohu. com/

和讯理财：http：//money. hexun. com/

中国投资理财网：http：//www. cf001. com/

中华理财网：http：//www. 12818. com/

• 理财规划专家

各类理财专家也提供特定的理财协助和建议：

会计师主要负责税务和理财文件；

银行家主要提供各类理财服务和信托；

信贷咨询专家提供各种减少开支、消除信用问题的方法；

注册理财规划师将各种理财决策整合成一个计划；

保险代理人和经纪人帮助你购买保障你的人身和财富安全的保险产品；

投资中介提供股票、债券以及其他投资的信息，并代理交易；

律师提供遗嘱准备、遗产规划、税务问题以及其他法律事务问题解答；

房地产中介协助你购买或出售住房等房地产；

税务专家提供纳税申报以及其他税收服务。

许多专家提供各类理财规划服务，理财规划专家的背景和代表的母公司是衡量其主要专业领域的尺度，保险代理人可能会强调保险的重要性，而律师则可能会为你解决各种法律问题，没有通晓所有理财规划知识的专家，因此在选择理财专家进行咨询和帮助时应该区别对待。

参考书目

[1] Pamela York Klainer. How Much Is Enough? Harness the Power of Your Money Story-And Change Your Life [M]. Basic Books, 2001.

[2] 普尔，等. 个人理财 [M]. 第6版. 马苏芹，达兵，译. 上海：上海人民出版社，2004.

[3] 徐晟. 投资学 [M]. 大连：东北财经大学出版社，2013.

[4] 魏丽，李朝锋. 保险学 [M]. 大连：东北财经大学出版社，2011.

[5] 中国银行业从业人员资格认证办公室. 个人理财——银行业从业人员资格认证考试辅导材料 [M]. 北京：中国金融出版社，2006.

[6] 吕斌，李国秋. 个人理财：理论规划与实务 [M]. 上海：上海大学出版社，2005.

[7] 张颖. 个人理财基础 [M]. 北京：对外经济贸易大学出版社，2005.

[8] 李善民，毛丹平. 个人理财规划与实践 [M]. 北京：中国财政经济出版社，2004.

[9] 林功实. 个人投资理财 [M]. 北京：清华大学出版社，2003.

[10] 苏世伟. 保险学原理与实务 [M]. 北京：科学出版社，2004.

[11] 谢怀筑. 个人理财——FPCC 惟一授权考试指定用书 [M]. 北京：中信出版社，2004.

参考书目

[1] Francis, Jack. Money: How Much Is Enough? Harness the Power of Your Money Story, And Change Your Life [M]. Bantam Books, 2004.

[illegible]